"十四五"职业教育国家规划教材 ｜ 经全国职业教育教材审定委员会审定

U0734244

服装店铺
商品陈列实务

（第3版）

郑琼华　　于虹◎主　编

张潮　　汪彦丹　　田琦◎副主编

中国纺织出版社有限公司

内 容 提 要

本书注重对陈列设计岗位基本技能的培养，通过对岗位所需要的能力进行分解，构建了适应岗位能力的十大项目。每一个项目都通过学习目标（包括能力目标、知识目标）—导入案例—任务描述—知识准备—课外拓展的体系进行学习，使学生在学完一个项目后能基本掌握对应的工作任务所需要的基本技能。

本书根据高职高专教学特点来构建知识结构和体系，适合高职高专服装陈列、连锁经营管理、服装装饰艺术与设计、店铺设计等专业使用，能很好地适应工作引领、项目教学法的授课要求，是一本集理论教学和实训教学于一体的实用性较强的教材。另外，本书针对前述专业的学科交叉、实践性强等特点，改变现有专业教材将各类知识点分开的现状，将商品陈列各知识点和服装店铺运营特点结合起来，使学习与工作岗位有机结合，成为融专业知识、岗位技能、职业能力为一体的教材。

图书在版编目（CIP）数据

服装店铺商品陈列实务 / 郑琼华，于虹主编；张潮，汪彦丹，田琦副主编. -- 3 版. -- 北京：中国纺织出版社有限公司，2025. 5. --（"十四五"职业教育国家规划教材）. -- ISBN 978-7-5229-2246-1

Ⅰ. TS942.8

中国国家版本馆 CIP 数据核字第 20241MS332 号

责任编辑：李春奕　张晓芳　　特约编辑：余莉花
责任校对：高　涵　　　　　　责任印制：王艳丽

中国纺织出版社有限公司出版发行
地址：北京市朝阳区百子湾东里A407号楼　邮政编码：100124
销售电话：010—67004422　传真：010—87155801
http://www.c-textilep.com
中国纺织出版社天猫旗舰店
官方微博 http://weibo.com/2119887771
北京通天印刷有限责任公司印刷　各地新华书店经销
2015年1月第1版　2020年10月第2版　2025年5月第3版第1次印刷
开本：787×1092　1/16　印张：14.5
字数：300千字　定价：69.80元

凡购本书，如有缺页、倒页、脱页，由本社图书营销中心调换

本书入选首批"十四五"职业教育国家规划教材。这是一部"岗课赛证"融通的综合育人教材，按照企业实际岗位需求开发设计，将专业理论与岗位技能模块化、系统化，结合典型的企业案例，融入职业技术证书和技能竞赛，强化课程思政，对接产业，服务行业，以提高学生的就业能力为导向，适用于高水平、高层次的技术技能人才培养教学。

教材的编写依据《高等职业学校专业教学标准》要求，参考众多国内外服装品牌在陈列设计方面的理念，通过服装龙头企业的调研与合作，将服装陈列设计岗位任务与能力分解，以工作过程为导向，结合高职院校学生的认知特点，力求易懂会做，采用能力培养与工作过程相结合的结构脉络来展示学习内容。通过对岗位所需能力进行分析，构建了适应岗位能力的十大项目，每个项目都设计了学习目标—导入案例—任务描述—知识准备—课外拓展的体系。

本书具有以下特点：

1. 项目导向、任务驱动，真实职场情景化教学。本书通过深入解析该岗位的主要工作场景、工作过程及所需的工作技能，构建了十个项目，各项目对应一个工作场景，借助任务分析，自然引出服装店铺陈列所需的相关知识和业务操作技能，最终通过引导学生完成课后拓展实现学生综合实践能力的进阶与提升。

2. 图书体系突出层次性，由"基础技能"到"特定类型"循序渐进。项目一的课程导入引领学生了解服装陈列的发展和现状；项目二到项目五进入陈列的几大工作场景，即陈列空间规划、陈列形态构成、橱窗设计、陈列氛围营造；项目六、项目七是奢侈品和快时尚及运动时尚两大类门店的陈列应用；项目八、项目九是男装、女装两种类型门店的陈列应用。

3. 完整的实训项目，检验学习成果。项目十是一个完整的实训项目，指导学生从头开始操作一个完整的陈列设计。从对品牌的完整调研，到收集视觉营销趋势、制作概念板、准备橱窗商品和道具、最后完成橱窗陈列。项目十是对前九个项目所学知识和掌握技能的检验，同时强化学生的操作能力、塑造学生的职业素养，贯彻了"教、学、做"一体的设计理念，重点突出了陈列人员专业素质的培养，体现了培养新型专业人才的需求。

4. 课程思政引领，角色体验驱动，落实立德树人根本任务。通过融入课程思政促培学生职业素养，借助案例教学提升学生职业技能，依托岗证课赛实现综合育人。将学生置于陈列人员的角色，在帮助学生掌握陈列岗位所需的技能和专业知识的同时，树立从基层做起的观念，培养良好的职业道德和传承精神，引导学生关注中国传统文化元素的发掘和应用，在课程中潜移默化地使学生在学习国内外优秀陈列经验的同时，传承和创新中国优秀服饰文化和陈列艺术。

通过本书系统的服装店铺商品陈列的学习，学生不仅可以获得店铺商品陈列的能力，也可以为日后职业的可持续发展奠定基础，如店长、服装连锁企业的其他管理岗位都需要了解店铺商品陈列相关的知识。同时，本书中的商品陈列相关知识也可以为其他连锁业态提供参考，部分知识是共通的，在学习了本书内容之后，进入其他连锁业态如超市、百货店、家电连锁店等，也能顺利从事陈列相关工作。

本书由浙江纺织服装职业技术学院的五位资深专业教师编写，并得到了雅戈尔、博洋、太平鸟等企业陈列师的大力支持。既可作为应用型高职高专、成人高等院校相关专业的教材，又可作为企业陈列人员培训教材。本书借鉴了一些优秀企业的案例，在此表示感谢。

由于编者水平有限，书中难免会出现疏漏和不妥之处，敬请广大读者和专家批评指正，我们会在再版时予以修正，使其日臻完善。

编者

2025年1月

高职高专的课程设置通常可分为三个层面：岗位基本素质课程、岗位基本技能课程、岗位能力拓展课程。"服装店铺商品陈列实务"这门课程属于岗位基本技能课程范畴，本课程对应的工作岗位是服装店铺的陈列设计岗位，因此，学习了这门课程之后，学生应该具备这个岗位所需要的基本技能和职业能力。

职业能力的培养首先来自对专业和课程所对应的工作岗位的分析，在此基础上总结这个工作岗位的工作过程及此工作岗位所需要的工作技能，以此来构建教材的内容，每一个章节对应一个工作过程。本教材正是在这个基础上来构建一个系统的体系，希望通过这种方式使学生在学习了这门课程之后能够基本掌握服装店铺陈列设计岗位的技能，从而胜任这一岗位的工作。基于此，本教材将课程知识很好地和工作岗位、岗位技能相结合，实现"教学适应工作，工作引领教学"的目标。

本教材的主要特点如下：

1. 一个案例贯穿始终。为了加强阅读的连贯性，本书虚拟了一个服装品牌企业：AZ公司，该公司旗下拥有男装、女装和童装三大系列。用这样一个统一的案例贯穿每一个章节，使每一个章节更富有连贯性和统一性。

2. 内容体系、编写体例上的创新。本教材的体例经过精心设计，通过学习目标（包括能力目标、知识目标）—导入案例—任务描述—知识准备—课外拓展这样的过程，将知识融入实际工作中，因此，学生学习完一章节内容后，就基本具备了该章节对应岗位所需要的能力。

本书在涉及理论、概念等一类知识内容时，穿插了学习方法的介绍和讲解，结合高职高专相关专业学生的特点，注重知识内容的实用性和综合性，没有以往类似教材中较刻板的理论知识点，将更多的学时和重点放在实用设计方法、设计技能以及设计过程等实用内容的阐述上。

3. 将理论教学与专业技能相结合。书中展示了大量的服装店铺实际陈列案例。本书的编写者中，既有专业知识过硬的专业教师，也有雅戈尔、海天斯等服装企业的店铺资深职业经理，他们的实际工作经验为本教材带来了很多新鲜的案例和实践操作，将理论与实践较好地结合了起来。

通过本书系统地学习服装店铺商品陈列的相关知识，可以获得店铺商品陈列的技能，也可以为日后的可持续发展奠定基础，如店长、服装连锁企业其他管理岗位都需要了解店铺商品陈列的相关业务。同时，本书中的商品陈列相关知识也可以为其他连锁业态提供参考，部分知识可以共通，学习后进入其他连锁业态如超市、百货店、家电连锁店等从事陈列相关工作，可以达到举一反三的效果。

全书由郑琼华编写大纲并编写第一章、第二章、第五章、第七章，于虹编写第三章、第四章，田琦编写第八章、第九章，周同编写第六章。郑琼华负责总纂定稿。

本书既可作为应用型高职高专、成人高校相关专业的教材，又可作为企业陈列人员的培训教材，对于普通的陈列爱好者也是值得一读的参考书。

由于编者水平有限，书中难免会有疏漏和不妥之处，敬请专家和广大读者批评指正，我们会在再版时予以修正，使其日臻完善。

编者

2013年12月

高职高专的课程设置通常分为三种：岗位基本素质课程、岗位基本技能课程与岗位能力拓展课程。服装店铺商品陈列实务课程属于岗位基本技能课程，对应的工作岗位是服装店铺的陈列设计岗位，因此，在学习了这门课程之后，学生应该具备这个岗位所需要的基本技能和职业能力。

职业能力的培养首先来自对专业和课程所对应的工作岗位的分析，在此基础上总结这个岗位的工作过程及所需要的工作技能，以此来构建项目，每一个项目对应一个工作过程。本书正是在这个基础上构建体系，希望学完本课程之后能够基本掌握服装门店陈列设计岗位的技能，基本胜任该岗位的工作。基于这样的思想所编写的教材，能将课程知识很好地和工作岗位、岗位技能相结合，实现"教学适应工作，工作引领教学"的目标。

第2版在第1版的基础上，做了相关的修订工作，总体来说有如下几点：

1. 根据教学实践以及陈列师实际培养中的实践，在第2版中增加了奢侈品、快时尚品牌陈列的内容，并在最后一个部分，进行了整体的实践操作指导，用以检验学生在学习了本课程后陈列技能的掌握。

2. 更新了80%的图片。陈列是一个时尚且与时俱进的工作，既要有科学的规律，又须与时尚资讯接轨。第2版更新了大量的图片和素材，期望给读者传达更新的陈列知识和时尚信息。

3. 一个案例贯穿始终。为了使工作任务连贯，本书虚拟了一个服装企业和服装品牌：AZ公司。该公司旗下拥有AZ男装、AZ女装和AZ童装三大系列。用一个统一的案例贯穿每一个项目，使每一个项目的工作任务更加真实，富有连贯性和统一性。

4. 内容体系、编写体例上的创新。本书的体例经过精心设计，通过学习目标（包括能力目标、知识目标）—导入案例—任务描述—知识准备—课外拓展的过程，将知识和技能融入工作情景中，学生要想完成这个工作任务，必须具备相应的技能和知识，这些技能和知识在知识讲解和课外拓展中可以得到相应的补充，因此，学生在学习了一个项目后，就基本具备了该项目对应的岗位所需要的能力。

本书涉及理论、概念等一类知识内容时，结合高职高专相关专业学生的特点，注重知识内容的实用性和综合性，删减以往类似教材中较刻板的理论知识，将更多的学时和内容重点放在技能的掌握和学习方法的领悟上。

5. 突出"项目式"教学方法。本书突出"项目式"教学方法和过程的展示，体现工学结合、校企合作的思想，书中展示了大量服装店铺实际陈列案例。在本书的编写者中，既有专业知识丰富的专业教师，也有雅戈尔、太平鸟等服装企业店铺资深职业经理，他们的工作经验为本书带来新鲜的案例和实践操作，将理论与实践较好地结合起来。

6. 注重实践性。本书旨在经过系统的学习后，用一个整体的陈列操作来检验学生的学习效果。因此，最后一个项目的实训练习，尝试让学生从陈列项目布置和流行趋势分析，品牌研究和顾客分析，思维扩散，确定陈列设计主题、主题板制作，商品、道具、灯光的确定等做充分的准备，最后做出店铺橱窗陈列稿，并进行陈列项目实地操作。通过这样一整套的实操演练，让学生在动手的过程中获得技能，在实操中掌握知识。

通过本书系统的服装店铺商品陈列的学习，不仅可以使学生获得店铺商品陈列的能力，也可以为其日后职业的可持续发展奠定基础，如店长、服装连锁企业的其他管理岗位都需要了解店铺商品陈列相关的知识。同时，本书中的商品陈列相关知识也可以为其他连锁业态提供参考，部分知识可以共通，学生在学习了本书之后进入其他的连锁业态，如超市、百货店、家电连锁店等也能顺利从事陈列相关工作。

本书既可作为应用型高职高专、成人高校相关专业的教材，又可作为企业陈列人员的培训教材。

由于编者水平有限，书中难免会出现疏漏和不妥之处，敬请广大读者和专家批评指正，我们会在再版时予以修正，使其日臻完善。

编者

2020年3月

目录

学习目标

1. 能力目标

（1）对服装陈列的目的、作用有初步的认识。

（2）对服装店铺商品陈列能进行基本的模块划分。

2. 知识目标

（1）掌握服装陈列的概念。

（2）了解服装陈列的类别。

（3）了解服装陈列的发展历史、国内发展现状和发展趋势。

导入案例

新零售时代陈列设计的新玩法

2018 年 12 月 23 日，无印良品（MUJI）南京东方福来德旗舰店盛大开幕，该门店共 3200 平方米，延续一贯的日式简约风格，以直观的方式把品牌简约、本真的生活美传达给每一位步入店内的客人。店内的空间设计以木、铁、土元素为基础，力求打造一个具有历史感、贴近人们生活场景的购物环境。这里不仅是售卖商品的地方，更集中展现了无印良品的理念和审美，使人"身在此地，心已远行"，与无印良品一起走进大自然的怀抱，用心倾听大自然的魅力，回归生活本源（图 1-1）。

店铺设计主题突出

店铺一楼以"家"为主题，整体采用中国民间曾使用的砖瓦、梁柱等建筑材料，营造出质朴的空间，随处可见由无数块长形木条交错而成的区域顶棚，编排颇具设计感，为顾客打造了舒适愉悦的购物环境。这里是"生活的基本"摆放着各种满足男女老少的"衣"类产品，以及特别推荐的内衣、袜子区域，该区域拥有现今中国店铺中品类最多、数量最丰富的商品群，能够满足不同顾客的需求，带来贴心、贴身的呵护。无印良品从过度装饰中解脱，注重舒适性与功能性，摆脱束缚，提倡自在舒畅。当消费者对服装的尺寸、颜色、搭配等方面无法抉择时，这里有 SA（Styling Advisor，服装搭配顾问），并设置了 SA 咨询台，服装搭配顾问可以根据顾客喜好提供搭配方案，帮助顾客选择到合适的服装。如果选购的裤子长度不合适，

图1-1　无印良品店内陈列图

这里提供免费修改裤脚服务，既快捷又便利。"MUJI to GO"（"能带走的无印良品"）囊括了种类丰富的旅行商品，有可根据身高调节拉杆高度的简约行李箱、有可随意塑形的旅行颈枕等，再配上一本旅行书籍……让人忍不住想来一次说走就走的旅行。

陈列设计与产品素材呼应

店铺二楼，利用南京近郊港口废弃的集装箱、装运货物后废弃的木框作为部分墙壁的设计元素，将空间联系起来，犹如无印良品仓库的低调内敛，透露出充满质感的艺术氛围。无印良品产品注重素材的选择，通过产品素材来审视店铺陈列布局，让你实际感受到无印良品对产品素材的追求，感叹无印良品产品素材的多样和变化性。在这里，还有各类文具、家居、厨房及收纳用品。除了素材感，还能发现无印良品收纳用品的"小秘密"——模数。无论是大型家具还是小型收纳箱，"模数"是无印良品收纳用品的基本设计思路，即便是大小与材质不同，也能彼此组合，营造出符合自己风格的居住空间。

用体验传递品牌理念

二楼还设立了生活的基本用品之一——扫除用品使用体验区。可以自由组合使用的伸缩杆和配件，配合不同的清扫地点和使用需求，顾客可以亲身试用，每日随手之间，空间就可以舒适整洁。这里还设置了IA（Interior Advisor，家具搭配顾问）咨询台，当你对居住空间、家具搭配有诉求时，IA家具搭配顾问会用专业知识为你量身定制家具搭配方案。来到"MUJI Books"，与衣食住行息息相关的"金玉良言"书籍遍布在此，让你不仅可以沉浸在文字的海洋中，更能汲取无印良品所传递的生活方式和理念。"Open MUJI"空间是以居住、造物、书籍、生活方式为主题，以本土化为核心，策划与顾客互动参与的演讲、工坊、展示以及赏味形式的活动，希望启发人们思考什么是适合自己"感觉良好的生活"。

卖场+餐饮跨界组合

"Café & Meal MUJI"以"素之食"为主题，坚持使用各地特色食材及传统料理方法，将当地的饮食文化融入料理的烹饪当中，充分利用充满阳光、土地、水的恩惠所渗透之后得来的素材之味。"Café & Meal MUJI"南京东方福来德店，更是推出了符合南京当地口味的特色限定菜品，如自制玉米汁狮子头、南京素什锦、桂花糖芋苗以及美龄粥，无不体现了"Café & Meal MUJI"对于地域文化的充分诠释。餐厅里的原木桌椅，简朴的餐具杯盏，贴心周到的服务，都透露出一股温暖的关怀之情，让顾客消除逛店的疲惫，在此获得安心美味的餐饮体验。

科技助力互动

在南京东方福来德旗舰店一楼的入口，有面铺满墙面的高清互动屏幕，这是无印良品在世界范围内的首次尝试。在这块互动屏上，顾客可以快速地查询到这家旗舰店的相关信息、周边介绍以及商品信息，通过"MUJI Passport App"还可以分享和阅览自己及其他顾客的留言互动。

"MUJI Passport App"是无印良品推出的一款智能手机软件，下载"MUJI Passport App"后，用户可以一手掌控无印良品商品的相关信息，查找附近店铺、检索或购买喜爱的商品，通过购物及签到，积累里程，获赠无印良品积分，用于兑换礼品。"MUJI Passport App"带来的是全新的购物体验，配合首次尝试的店铺实体屏幕互动，简约的设计理念与科技的创新相融合，将满满诚意带给每一位讲店的客人。

任务描述

2016 年年底，新零售的概念提出对零售门店的陈列具有深刻的影响，门店更加注重各种形式的融合，陈列更有新意并带给顾客不同的体验。

作为一名陈列专业的学生，要带着求知、探索的目光去收集、调研各类服装门店陈列新素材、新趋势、新发展。

知识准备

商品陈列，即通过艺术手法将商品的最大魅力展示出来的一项营销技术。陈列是直接面对消费者的商品展示行为，商品陈列主要是通过产品、橱窗、货架、道具、模特、灯光、音乐、POP 海报等一系列卖场元素进行组织规划，从而达到促进产品销售，提升品牌形象的一种视觉营销活动。

陈列设计必须结合一定的营销知识，考虑商品的个性特点、功能、外观、色彩等诸多方面的元素，既要体现艺术性，又要注重追求商业化的效果。商品陈列是通过对整体空间、全系列产品的统筹配置和组合，来完整体现品牌形象和产品风格；商品陈列是品牌功能化、逻辑化、审美化和魅力化的巧妙结合；商品陈列能够潜移默化地激发消费者的认同，并引导消费者的消费理念。

任务一　认识陈列的概念和目的

法国有句非常有名的经商谚语：即使是水果蔬菜，也要像一幅静物写生画那样艺术地排列，因为商品的美感能激起顾客的购买欲望。

随着人们消费观念的改变，消费者要购买的已不只是服装本身，他们开始关心品牌所体现的文化以及对其精神诉求的满足，而终端店铺是品牌与消费者连接的窗口，它的形象直接决定消费者是否购买该品牌产品。

一、陈列和服装陈列

陈列的英文名称包括Display、Visual Presentation和Visual Merchandising Presentation，指运用一定的技术和方法展示商品，创造理想的购物空间，是一种以视觉吸引力来推销产品的方法，从而刺激销售、诱导顾客做出购买决定和行为。

陈列是一门综合性的学科，它涵盖了视觉艺术、营销学、人体工程学等多门学科，是卖场终端有效的营销手段之一。一个好的陈列设计既要有扎实的陈列基础知识，同时还要对品牌的风格、顾客的购买心理、产品的销售有一定的研究。

服装陈列主要是通过对服装卖场的产品、橱窗、货架、道具、模特、灯光、音乐、POP海报、通道等一系列卖场元素进行有组织的规划，对服装卖场的整体空间内全系列产品采用技巧性的组合配置和统筹，巧妙体现服装品牌产品形象的风格化、逻辑化、功能化、审美化和魅力化，从而达到促进销售、提升品牌形象的一种视觉营销活动。

陈列设计对服装产品的销售具有重要意义，它不但可以吸引消费者的注意力，更是展示设计理念和品牌文化的途径。

二、陈列的形态及应遵循的原则

1. 陈列的形态

形态指事物的形状或表现。服装卖场的陈列形态构成，就是服装在卖场中呈现的造型和组合方式。陈列按其形成状态可以分为自然形态和非自然形态。

陈列的自然形态体现在社会生活的各个行业和生活的方方面面，只是它缺乏一定的秩序感和技巧性，更谈不上艺术性和科学性。由于缺少人为设计的痕迹，它在很大程度上处于一种原始状态，且缺乏一定的商业性质，因此虽然它的存在范围较非自然陈列广得多，但依然处于长期被人们忽略的地位。

非自然形态即经过人为操作，结合有关的知识，按照特定要求进行的有意识的、专门的设计，且能够带来一定的经济效益的商业行为，现在人们所讲的陈列往往是指陈列的非自然状态，非自然形态陈列的应用范围非常广泛，在建筑、室内、商场以及各种超市等场合都有它的存在。

2. 陈列形态应遵循的原则

在陈列中，两个以上的元素就有组合的可能。在服装卖场中，既涉及货架的组合，也涉及货品之间的组合，以及道具和货品的组合。陈列的形态组合要从美学、管理、销售等诸多方面来考虑。不同服装品牌的陈列形态规范和标准可能有一些差别，但基本上应遵循以下几个原则。

（1）保持序列感。没有一个顾客愿意在一个杂乱无章的卖场中停留，特别是在品牌林立的今天。整齐有序的卖场不仅可以使顾客在视觉上感到整洁，同时也可以帮助顾客迅速地找到商品，节约时间。

因此，卖场中对货品的要求，首先要打理得整整齐齐，货品分类放置，排列要有次序和规律，整个卖场要保持一致的货品尺寸顺序，使顾客可以迅速地寻找到所需要的尺码。服装侧挂时，采用从左到右、由小到大的原则；层板上的叠装，遵循从上到下、由小到大的原则，这是从顾客视觉的次序性和购物的便捷性来考虑的。

（2）体现整体性。卖场中每个货品的形态和造型一定要与卖场整体的布局和效果相匹配，有些陈列师喜欢把卖场中的各个部位做出不同风格的陈列效果，虽然局部效果很好，但从卖场整体看却十分烦琐、分散，缺乏整体感。

国外很多服装陈列都做得十分简洁，这并不代表陈列师不懂做造型，而是说明设计者的整体构思，把货架上的服装当作"合唱团"的一员，要求整个"队伍"形成一体。

（3）展示美感。陈列的主要目的是吸引顾客的目光，激起顾客的购买欲望。只有美的物体才能吸引人，陈列的首要任务就是要将服装的美感展示出来，美的陈列才能使产品增值。

（4）符合品牌风格。陈列的造型必须和品牌的风格相吻合。品牌风格犹如人的性格，每一个品牌都应有自己独特的陈列形态和风格。服装品牌应不断探索，寻找适合自己品牌的陈列造型和风格。

（5）满足商品的商业排列规则。商品的组合方式要合理且能带动销售，使顾客购买方便，让导购员的销售和管理便捷。

三、服装陈列的目的

顾客在卖场中除了想购买服装外，一个舒适的卖场环境、时尚资讯的获得、色彩的愉悦这几项都是顾客的需求。这说明现在的顾客已经开始希望得到商品之外的服务，服务包括许多无形的东西，如情调、体验、视觉的享受等。近几年服装品牌竞争日趋白热化，吸引顾客的关注成为取得销售成功的前提，美观的陈列也成为销售成功的重要组成部分。

富有创意的卖场陈列可以促进商品销售并创造店铺独特的形象，在许多场合，顾客购买服装的动机大都受购买现场氛围的影响，因而陈列对店铺的销售就显得极为重要，服装卖场陈列主要有以下作用。

1. 展示商品，吸引顾客注意

消费者很容易被漂亮的东西所吸引，同样的一件衣服，挂在角落里和完整地穿在人体模型上所产生的效果是截然不同的。服装陈列通过对着装美学、色彩学、环境艺术、灯光艺术等的综合运用，将服装产品以最理想的状态呈现出来，使消费者接受产品信息而产生"仔细看看"的想法，继而产生购买的欲望。

最能吸引人目光的是位于商店入口附近的橱窗展示。商店橱窗经常陈列着最新的流行服装，并配以灯箱、饰物及各种道具，使展示更加生动。曾有调查机构调查发现，顾客走进一家商店或购买商品很大程度上是因为橱窗陈列或店内商品的展示。

2. 刺激购买欲望，促进商品销售

随着生活水平的提高，当代消费者的消费心理有了很大的转变，除了对服装本身质量的关注外，消费者对于购物环境和购物方式的要求也与日俱增。成功的服装店铺设计与陈列为消费者提供了一个优雅舒适的消费场所。店铺内的灯光、器具、宣传品等的巧妙搭配，可以使服装的光泽、质地、色彩、风格特色等得到充分体现，从而能够从更多的角度更好地说服顾客，让顾客更全面地感知服装产品，增强顾客的购买欲望，因此良好的店铺设计与陈列，可以进一步提升服装店铺的销售额。

美国迪士尼公司的例子可以很好地说明这一点。迪士尼公司的服装款式设计非常简单，但那些富有想象力且形象生动的米老鼠、唐老鸭作为服装上的图案以及其他张贴画等环境装饰的陪衬效果，很快使产品变成富有吸引力的商品。当孩子们和同行者们看到迪士尼公司推出的服装时，马上就激起了购买欲望。反观其他同类产品只是简单地被摆在传统的货架上，没有生动的环境陪衬，其销售量与迪士尼商店相差甚远。

3. 提升品牌形象，增强企业竞争力

好的陈列设计有助于传播、提升和维护公司的品牌形象。公司借助陈列展示等形象化的语言，可以将抽象的品牌理念和品牌文化传达给目标顾客，加深他们对品牌的印象和偏好。随着消费者品牌意识的增强，卖场若没有自己独特的个性，光靠卖产品，恐怕很难在林立的店铺中吸引顾客。从市场竞争的角度看，品牌越往高层走，陈列的作用就会越来越重要。如果陈列做得好，消费者也许本来只想买一条裤子，最后会考虑买下陈列的一整套服装，这就是陈列的魅力。如果卖场陈列得不好，哪怕供货再及时，快速反应做得再好，销售业绩仍会不如意。

拥有让人耳目一新的服装店铺设计与陈列对于维护商家信誉、增强企业竞争力是极其有利的，设计陈列得当的店铺可以让消费者舒心地全方位感受服装商品信息，加深对品牌产品的印象，从而可以形成一定的潜在利润。与此同时，服装品牌终端店铺的形象也从一个侧面代表、反映着整个企业的品牌形象，从而为品牌的可持续发展打好基础。

4. 传播品牌文化，提升服装产品的附加值

服装除了是物质层面的产品外，更是一种文化。好的陈列除了告知卖场的销售信息外，还传递一个企业特有的品牌文化。一个品牌只有建立起自己特有的品牌文化，才能加深消费者对品牌的印象，从而获得一批忠实的顾客，才可以从众多品牌中脱颖而出，占有更多的市场份额。

对于有一定知名度的服装品牌来说，通过服装专卖店对品牌服装进行展示售卖，无疑是一种最直观的宣传方式。通过对色彩、造型、道具、整体氛围等具体要素组合运用，不断地定期陈列出样，更换服装产品的摆放形式，可以更好地凸显服装的特点。而来往的消费者只有看到了自己中意的服装，才会驻足进店去做进一步的了解。

服装店铺作为销售终端，不仅是一个简单的服装销售场所，同时也扮演着宣传服装品牌和促使服装品牌文化深入人心的重要角色。品牌服装店铺合理有效的设计与陈列，能够赋予服装产品特定的品牌文化与形象内涵，拉近品牌文化与消费者的距离，并加深消费者对本服装品牌的印象与信赖程度，从而提高服装产品的附加值，使企业获得更高的利润，进一步增强企业在市场上的竞争能力。

任务二 了解服装陈列设计的类别

服装陈列设计可以分成不同的类别，主要的分类方式有三种，即根据陈列设计的区域划分，根据陈列的功能划分，根据陈列采用的方法划分。

一、根据陈列设计的区域划分

根据陈列设计的区域划分，可将服装店铺的陈列设计分为店面形象设计、橱窗陈列设计和卖场陈列设计三种。

1. 店面形象设计

店面形象设计是服装视觉营销的重要组成部分，它包括专卖店（或专柜）店面和入口的设置，卖场的色彩、材质、风格等整体的规划设计。店面形象是消费者接触品牌的第一印象，好的店面形象设计能告诉顾客该品牌服装的档次、风格等，使顾客在店外就知道该品牌的服装是否符合自己的需要。

图1-2所示是路易威登（LOUIS VUITTON）品牌巴黎旗舰店的店面形象图。路易·威登先生（Louis Vuitton）曾在这里开设首家工艺作坊，160年后，全新的路易威登旗舰店开在此处，外墙特别设计了从一个圆点辐射出万丈光芒的金色装饰，意为回归到最初的原点，与其奢华、大气的品牌形象非常吻合。

图1-2 路易威登店面形象设计图

2. 橱窗陈列设计

橱窗陈列可以看作是服装品牌的眼睛，它在第一时间向顾客传达品牌理念，当季产品的风格主题，商品的个性特色等信息。特别是入夜后的都市街道，行人的视线会更多地停留在橱窗上，并为之吸引。橱窗陈列得是否有特点直接影响到顾客对品牌的认知度。

图1-3所示中COS品牌的这个橱窗陈列很简单，没有过多繁杂的东西，简单但让人感觉非常舒适，传递着"少即是多"（Less is more）的品牌理念和风格。

3. 卖场陈列设计

卖场陈列设计是指销售区域的设计安排，包括场地的划分布局，整体格调塑造，色彩、灯光、道具等的选择安排，产品陈列手段等。卖场陈列设计能塑造良好的购物氛围、传达产品设计理念，使消费者易于接受产品信息，强化品牌形象，形成强烈的现场感召力，促进销售。

图1-4所示是一个服装店铺的陈列设计效果图。从效果图来看，整个陈列设计简洁大方，灯光明亮，通道宽敞，虽然不是一个特别理想的模板，在实际操作中这样的陈列效果可能并不好，但总体来看，陈列设计师对店铺销售区域的安排还是比较恰当的，场地的分区、色彩、灯光、道具等都有值得借鉴的地方。

图1-3　COS极简风橱窗

图1-4　卖场陈列设计效果图

二、根据陈列的功能划分

根据陈列的功能，可将陈列设计分为艺术化陈列、主推陈列和基础陈列三种。

1. 艺术化陈列

艺术化陈列一般包含两层含义：第一层含义是指服饰产品本身的艺术风格，陈列设计时要把这个艺术风格主题重点表现出来，设计构思也围绕这个中心来展开；第二层含义是指整个陈列设计的艺术风格，是陈列师为了突出商品的艺术特色，通过商品组合、陈列器具、色彩等的搭配，使整个卖场或商品具有较强的文化气息的一种陈列方式。艺术化陈列能够充分地体现品牌的文化内涵，也能够体现品牌的设计和产品风格。

2. 主推陈列

主推陈列是指把具有代表性的产品或主推产品进行陈列，一般是选择展示场所中人的视线最易触及的重要位置。顾客来到门店后，能够使其视线在门店停留更长的时间，从而起到促进销售的作用。

3. 基础陈列

基础陈列是指在服装展示场地中最基础的产品陈列，是使顾客容易挑选并达成销售的一种陈列方式。基础陈列要把数量、规格尺寸、色彩等展现出来，陈列成顾客容易看到、容易触摸、容易拿取的形式，一般在卖场的货架和层板上采用吊、挂、叠、摆等陈列设计手法。

三、根据陈列采用的方法划分

根据陈列采用的具体方法划分，可将陈列分为主题陈列、整体陈列、盘式陈列、定位陈列和比较陈列五种。

1. 主题陈列

主题陈列就是给服饰陈列设计一个主题的陈列方法。主题应经常变换，以适应季节或特殊事件的需要。这种陈列方式能为店铺创造独特的气氛，吸引顾客的注意力，进而起到促销商品的作用。在进行主题陈列时，特别要注意色彩的运用以及上下装、内搭、饰物的搭配技巧。主题陈列展示容易让人产生一种故事性的心理诉求，激起消费者的购买欲望。

2. 整体陈列

整体陈列是将整套商品完整地向顾客展示的陈列方法。比如将全套服饰作为一个整体，用人体模型从头至脚完整地陈列。整体陈列能为顾客做整体设想，方便顾客购买。

3. 盘式陈列

盘式陈列实际上是整齐陈列的变化，表现的也是商品的量感，一般为单款式多件排列有序地堆积，将装有商品的纸箱底部作盘状切开后留下来，然后以盘为单位堆积商品，这样可以加快服饰陈列速度，也在一定程度上提示顾客可以成批购买。

4. 定位陈列

定位陈列是指某些商品一经确定了陈列位置后，一般不再变动。需定位陈列的商品通常是知名度较高的品牌商品，顾客购买这些商品频率高、购买量大，所以需要对这些商品给予固定的位置来陈列，以方便顾客购买，尤其是老顾客。

5. 比较陈列

比较陈列是将相同商品按不同规格和数量予以分类，然后陈列在一起。它的目的是利用不同规格包装的商品之间价格上的差异来刺激顾客的购买欲望，促使顾客因优良的性价比而购买商品。

任务三　了解服装陈列的起源和发展历程

虽然陈列是随着商品的出现而产生的，但从严格意义上来说，陈列却是先于商品存在于社会生活的各个方面和领域的，只是它在很长时间未能形成一门专门的学科而被人们所重视，尤其是在服装的应用上，直到19世纪，服装陈列才初露端倪，在19世纪20～30年代逐步成为一门相对独立的学科。

一、服装陈列的起源

陈列装饰艺术起源于欧洲商业及百货业形成早期，是工业时代的产物。欧洲这段历史的美学思潮主体是意大利的"巴洛克"与法国的"洛可可"风格，随着艺术的触角从皇宫贵族的奢华装饰延伸到商品陈列领域，新的商业社会时代就到来了。最早的陈列出现在法国，在13世纪，一家食品店的主人将自己刚刚烘烤出来的面包摆在临街的店铺窗口，让路过的顾客可以全方位地了解自己的面包。这种方式不仅方便顾客的购买，还为自己的店铺作了宣传，这就是陈列的雏形。

伴随商品陈列的产生，服装陈列开始兴起，1858年英国裁缝沃斯在巴黎和平街第一次将自己设计好的服装摆放在店内，由巴黎上流社会的贵妇任意挑选，正是他不经意间的这个举动使服装陈列开始出现在大众的视野中。当时正值拿破仑三世执政，英国工业革命影响法国，拿破仑三世大力发展资本主义，法国经济迅速增长，国家兴建了大型歌舞剧院、商场、酒店，这一切都促使商品更加丰富，为商品陈列艺术奠定了基础。

我国商品陈列起步较晚，20世纪初，上海、天津等沿海商业城市首先接受了西方百货商场这种商业经营模式，经济发达国家的商品陈列装饰技术也随之在中国流传开来。上海商品陈列起源于1927年前后，由外商委托中西、中法西药房布置"勒吐精"奶粉的橱窗，其他商家受到启发，也开始重视商品的陈列。当时，有的商家利用颜色鲜艳的皱纸来衬托商品；有的将皱纸条钉在橱窗四周，拉到橱窗中心位置，形成方形透视形式，以增强衬托商品的效果。19世纪30年代后，先施、永安、新新、大新等大型百货公司，因从国外进口商品，开始接触商品橱窗布置图案和陈列道具的选择，这几家百货公司的橱窗陈列布置变得美观、整洁，对顾客更具有吸引力。

随着近现代商业的繁荣，商品陈列装饰艺术已经成为一门视觉学科和空间艺术，为商业社会生活中的经营与开发提供了重要的美学基础和科技平台。作为一种全人类的共同文明成果，陈列装饰艺术不仅服务于零售业和服装服饰业，还涉及房地产、广告、餐饮以及装饰装修等行业。只要这个世界有商品存在，商品陈列就必然存在。

案例拓展：蒂芙尼（Tiffany＆Co.）如何打造全新的奢侈品零售体验

2019年，蒂芙尼在中国面积最大的精品店在北京亮相。新店总面积500平方米，共两层，从国贸立交桥望向这家新开业的精品店，其外立面令人很容易联想到电影《蒂芙尼的早餐》中奥黛丽·赫本在纽约第五大道驻足蒂芙尼全球旗舰店的场景。

事实上，新店设计的巧妙之处正在于此：石灰石和黑色花岗的外墙、艺术风格的凹槽纹饰、精心雕刻的麦穗图案、阿特拉斯（Atlas）巨型时钟等无处不在的纽约元素，都在重现纽约第五大道旗舰店的风貌，也在向蒂芙尼182年的历史致敬。

对于深耕中国市场的各大奢侈品牌而言，数字营销、线上渠道是行业人士口中热议的关键词，线下实体门店仿佛成为一个被遗忘的话题。但不可否认的是，品牌门店始终都是传递品牌精神、占领用户心智、体现奢侈品牌独特性最有效的载体。

全新建筑语言表达，沉浸式零售体验

2001年，蒂芙尼进入中国，首家门店落户北京。截至2024年3月，蒂芙尼在中国拥有61家门店，覆盖27个城市（含港、澳、台地区）。

北京新店对于进入中国市场18年的蒂芙尼来说，颇具"革新与颠覆"之意。在延续与传承品牌历史以外，它将着力打造具有互动性与个性风格的全新零售体验。这家新店的目标是向顾客呈现品牌最好的一面，提供极致的沉浸式体验。实体店是与消费者沟通的有效渠道，其带来的真实体验无可取代。

如果说匠心工艺和创意巧思是奢侈品门店的"硬标准"，那么蒂芙尼的新店也希望体现其对"现代奢华"的全新诠释，"现代奢华"意味着奢侈品门店并不一定要非常"正式"。实际上，蒂芙尼从2018年就开始探索全新实体零售，标志性事件是在伦敦推出的全球首家风格工作室（Style Studio）概念店，提供私人定制、自动贩卖机等服务。

通过一系列全新尝试，蒂芙尼希望一改以往传统奢侈品门店"神秘而高冷"的形象，为消费者带来"随性又非正式"的体验。这一零售概念正逐渐在大范围内铺开。蒂芙尼2019年继续开展门店翻新工作，诸如"个性化定制"等服务在中国更多城市的门店推出。

在蒂芙尼北京新店中，特别设置了"个性化雕刻区域"，顾客可以按照自己的喜好在钻戒等产品上雕刻个人信息，比如名字缩写、字母花押、日期等都可自行设计。

蒂芙尼还专门为北京新店设计了"艺术品陈列区"，用于展示更多国内外艺术家合作作品，包括蒂芙尼与中国艺术家王晋合作的"中国梦"（Dream of China）系列、与玻璃艺术大师杰夫·齐默尔曼（Jeff Zimmerman）合作的"River Rock"作品等。

此外，新开的精品店还增加了贵宾室，贵宾室以棕色系为主基调，配以中国风的装饰作品，呈现出典雅华贵的风格，暖色灯光更营造了温馨而放松的氛围。

丰富品类，让客户拥抱"现代奢华"

源自纽约的乐观主义态度和包容精神，决定了蒂芙尼的独特定位。这一品牌精神反映到产品上，即通过延展产品线，为新一代消费者带来"日常的奢华"。

门店内部采用了更具现代主义的装修风格，随处可见蒂芙尼蓝装饰，以镜面玻璃进一步延展门店空间，不仅面积显得更大，产品也更加丰富。

零售区域涵盖了品牌最具代表性的几大系列，包括Tiffany T、Tiffany True、Tiffany Keys、Tiffany Paper Flowers、Tiffany HardWear，以及高级珠宝系列，一隅一角尽显蒂芙尼的摩登情怀。

除珠宝产品外，门店还特别开辟出生活方式区域，陈列了包括餐具、宠物用品、皮具等在内的家居用品，例如，引发网络热议的曲别针造型书签、银质夹子、圆珠笔等。蒂芙尼希望触及每一位消费者，重点不在于消费者年龄层的划分，而在于通过"不同定位的产品，巧妙的产品组合"来实现品牌价值。

2017年，蒂芙尼推出了同名香水，短时间内创造了可观的销量。2017年10月在纽约第五大道旗舰店开设的 The Blue Box Café，现在已是全球网红咖啡馆。从千元吹泡泡玩具到万元毛线球的陆续推出，日常系列（Everyday Objects）一直是社交媒体的热议话题。

除了更适合日常化场景外，蒂芙尼的设计语言也在更迭中碰撞出多变风格。例如，Tiffany T系列以简洁明了的设计风格与极具建筑特色的造型，彰显了品牌大胆的设计态度；Tiffany True系列延续了经典之风，以字母"T"交扣的图案演绎前卫感。为了持续增强产品的创新力，提升品牌"从创意到成品"的效率，蒂芙尼还在2018年6月建立了创新工厂，并于2020年推出从创新工厂孵化的珠宝系列。

蒂芙尼北京新店已成为"钻石来源倡议"的践行者。顾客到店后，在柜台前选购珠宝产品时，可以通过对应展示标签，一目了然地获取钻石产地来源等相关信息。

贝恩咨询的报告显示，2018年珠宝品类的增速达到7%，是奢侈品行业增长最快的品类之一。蒂芙尼在2019年季报中强调，中国内地消费依然保持强劲势头，销售额持续增长。早前，贝恩咨询在《中国奢侈品市场研究》报告中指出，中国内地奢侈品消费回流趋势将在未来几年延续。毫无疑问，对于奢侈品牌而言，中国本土市场的潜力尚待挖掘。

在日益激烈的市场竞争中，面对中国内地市场这块必争高地，"唤醒新一代消费者的注意力、让品牌精神在年轻一代心中先入为主"，对于蒂芙尼等奢侈珠宝品牌来说变得更加重要。

蒂芙尼认为，每一个蒂芙尼蓝盒子里都蕴含着一个爱的故事，而每一个故事背后都意味着情感的连接。显然，蒂芙尼正在用崭新的建筑语言表达以及本地化而不失格调的数字化战略，来加深与消费者的情感联系，诠释品牌一直以来所信奉的"爱与梦想"理念。

二、服装陈列的发展阶段

在服装陈列最初的发展阶段，陈列只是服装销售时采用的一种简单摆放服装的方法和手段。其发展过程大致经历了以下四个阶段。

第一阶段，19世纪后期到20世纪20年代，欧洲商业及百货业开始发展，陈列设计作为商品的一种销售方式和销售技术开始出现。一些店铺经营者将皇宫中精美的装饰技术运用到商品销售中，用精巧的装饰方法来装扮店铺，它的出现可以说是工业时代的一种衍生产物。在服装零售史上，19世纪80年代以前，服装店主还没有意识到陈列设计的重要性，服装只是被简单地摆放在桌子上；20世纪初，玻璃橱窗取代了仓储式的商店布置。

第二阶段，20世纪20~40年代，商品销售者开始注重将商品展示出来。有的店主将店中精美商品展现在橱窗当中，普通商品则放在抽屉或柜子里，这与橱窗中的精美展示形成了鲜明的视觉对比，结果令进入店中的顾客非常失望，因此精明的店主开始将整个店面当作一个大橱窗来展示货品，也就是在这段时期，人形模特和衣架开始流行，并得到广泛应用。20世纪30年代以后，随着近现代商业的繁荣，服装的陈列展示逐渐发展成为一门创造性的视觉与空间艺术，其涵盖的内容大大超出了传统的"陈列"范畴，包括商店设计、橱窗、装修、陈列、模特、道具、光线等零售终端的所有视觉要素，形成了一个完整而系统的集合概念。

第三阶段，20世纪40~60年代，购物狂潮促使各种推销手段得到迅速发展，并使之越加专业化。新的生活方式使零售业出现了细分的市场，销售专门产品的商店大量出现，有的品牌组织了新产品的发布会和一些促销活动，更重要的是商场陈列已由简单的布置开始向视觉营销方向转变。

第四阶段，20世纪90年代后，在欧美等国家，品牌旗舰店、概念店开始出现并流行起来。品牌旗舰店是为了适合品牌现阶段推广的整体策略而设计的规范店形象，概念店是针对品牌在未来某一发展阶段的抽象概念而进行的形象展现。在这些店铺中，设计师和经营者通过运用大量的陈列设计方案和视觉设计方法来营造店铺的氛围，并且通过这样的形式来向消费者传达。

三、陈列的艺术化过程

在服装陈列发展的初期，它只是作为辅助服装销售的一门技术而存在，它的艺术性由于其地位的偏颇而未能充分得到体现。随着社会经济水平的提高和服装行业的发展，人们对这门技术的态度逐渐发生了改变，并对它的市场效用给予了很大的期望，由此，陈列的技术性地位很快向艺术性转变，并且在服装营销中占据着越来越重要的地位，其艺术化的形式也得到了越来越丰富的扩展。

很多人认为陈列是游走于商业与艺术之间，通过艺术手法包装产品、卖场，同时利用流行趋势、消费心理把商品推销出去。陈列的基础工作其实很枯燥，它包括层板服装的折叠方式、服装出样的件数、挂钩方向、尺码排列等，要求非常细致，要做到一尘不染、一丝不苟。在这样的基础上，考虑服装的陈列方式，比如在橱窗展示最有代表、最时尚、最打眼的服装；根据顾客视角习惯和行走路线，在第一视野陈列主推商品；在补充区域陈列走量商品等。在此过程中发挥陈列设计者的艺术天赋，统观全局的搭配效果。

任务四　了解国内外服装陈列发展的现状

一、全球服装陈列发展的层次

陈列技术是商业经济时代进步的一种标志，经过百余年的发展，已经成为一种广泛应用的销售方法，在服装陈列设计的发展过程中，全世界范围内形成了三大阵容。

第一阵容，以欧美等国为代表的服饰潮流引领者。陈列设计最初在欧洲出现、发展并随之成熟，即便现在，欧美等国商品陈列设计的变化及表现形式，也代表着世界的最新潮流。

第二阵容，以日本和韩国为代表的流行发展强国。随着欧美等国陈列设计变化趋势的不断推陈出新，日本和韩国这些受西方思想影响较大的国家，纷纷接收世界陈列设计最尖端的信息，并且结合本国及亚洲国家的特色，融合为具有亚洲特色的最新流行变化趋势。

第三阵容，以中国为代表的流行传播者。这一阵容中的国家是世界流行趋势发布、最新陈列设计传播的第三站，是日本和韩国整合后"具有亚洲特色的最新陈列设计信息"的直接引进者。

二、国外服装陈列发展现状

自19世纪60～70年代以来，商品陈列装饰技术在经济发达国家被广泛重视和应用，成为国民素质和人文进步的表现，更是商家们共同看好的一种更高级的竞争手段。在欧美等国，企业会将一定比例的销售额作为陈列费用，越重视陈列的作用，陈列费用所占的比例越高。由于欧美国家成熟的消费文化观念，使得服装陈列的方式在形成多样化的同时也形成了具有本国特色的陈列风格和文化。

1. 法意式风格

法国和意大利的陈列风格是欧式风格中最具代表性的，法意式风格依托深厚的皇家服务背景，由于非常重视商品本身的材质和制作工艺，展示出商品自身的美感，采用无须过多装饰物的简单陈列手法，借以突出商品的本质优势，给人以上乘、高贵、简洁的视觉享受。法意式风格适合具有一定品牌历史的商品。

2. 瑞士风格

瑞士陈列风格充满独特魅力，它以一种以静为动、以静传神的独特形式呈现在消费者眼前，让消费者过目不忘。瑞士陈列风格讲究细节和章法，在空间处理方面多用装饰布装饰背景，不仅注重通过细腻的技术和表现手法体现商品的不同特点，更注重搭配，尤其善用装饰品搭配时装，常以静态展示出动态的视觉。这种风格具有赏心悦目、精益求精的特点。

3. 英式风格

英式陈列风格华贵、端庄，充满古典气息，凸显绅士的严谨与尊贵特征。在表现手法上，注重对空间的处理，留给人们无限的想象空间。运用多种面料的配搭，呈现正统、保守、绅士感强的装饰效果，处处体现英国悠久的文化历史。英式风格橱窗和整体卖场布置很有特色，往往选择具有怀旧感的胡桃木作为陈列服装的家具，并借助精致的油画、相框、马球、高尔夫球具等元素体现品牌文化或讲述品牌故事。英式风格服装陈列尤其善用伞的元素，这与英国绅士常常会以手握伞柄的形象出现在世人面前有着不可分割的关系。

4. 美式风格

美式陈列风格又称剧场式风格，19世纪70年代纽约一家百货商店把自己的店面布置得像剧场一样豪华，这很快成为当时时尚界的热门话题，并引发了商业布置风。它的表现手法注重空间展示，美国人喜欢营造宽大、敞亮的空间感，注重氛围，不重视细节，多运用动态各异、表情丰富的模特，陈列带有一定情节的场景，营造类似于舞台剧的氛围。美式风格具有极强的观赏价值和视觉吸引力，视觉效果隆重、豪华、气派。

三、国内服装陈列发展现状

如今，伴随中国经济的发展和大众消费能力的提升，中国已经成为最不可忽视的国际化大市场。市场国际化带来企业品牌战略竞争的日趋白热化，中国消费者的消费水平和鉴赏能力也在不断升级。在产品日趋同质化的当下，众多消费者关注的焦点已经由产品的使用价值转向它们能否为自己带来情感共鸣和归属感，服装企业捕捉到这种消费需求的变化，开始迎合目标消费群体的消费需求和消费心理。

1. 国内服装企业开始认识到陈列的重要性

目前，大部分品牌开始提出重视终端视觉形象的概念，涌现出一些如例外（EXCEPTION de MIXMIND）、雅莹（EPYAYING）、太平鸟（PEACEBIRD）、李宁、ONEMORE、杰斯卡

（GXG）等视觉形象较好的品牌，但只有较少企业会付出行动来加强品牌视觉形象的建设工作。部分品牌企业虽然知道陈列工作的重要性，却不知道怎样做才是正确的。想要从真正意义上提升陈列效果，企业还需投入大量的资金，所以品牌终端视觉形象的提升将是个漫长的过程。

2. 专业陈列设计人才的市场需求巨大

在国际市场，由于早些时期消费者对品牌产品的需求就已从功能需求转向感受需求，这一转变促进了国际大牌在陈列工作上的发展，因此，几乎每一家卖场都有一个陈列专员专门负责产品的陈列工作。

国内的很多品牌并无真正的陈列设计人才，一般是由平面设计师、室内设计师、专卖店店长或服装设计师充当，而这些人员对陈列设计的整体知识掌握得都不是很全面、透彻。室内设计师或平面设计师虽然对空间的构造、布局有一定的掌控能力，但对服装的专业知识缺乏一定深度的了解，而服装设计人员或服装销售人员虽然对服装知识和顾客心理了解得很全面，但对空间构造、光与色的运用方面理解得不够专业、到位。因此，国内的服装陈列设计师在进行服装卖场的陈列设计时，往往在整体的把握上有所欠缺，总给人一种美中不足的感觉。

3. 品牌终端视觉形象不统一

目前国内服装企业的一个普遍现状是：店面形象、终端陈列不统一，这与企业的经营方式有直接的关系。例如，服装企业的旗舰店一般在公司总部，或是直营管理的大店，这些店的店面陈列形象较好，而加盟商、代理商则因为人员不够、陈列成本高、观点意识匮乏等问题，在具体实施过程中就打了折扣。这些都是国内陈列发展不得不面对的现实问题。

四、国内外陈列水平出现差距的原因

纵观国内外陈列发展水平的现状，可以看出国内的陈列水平与国外特别是欧美国家相比有着较大的差距，总结起来大概有如下四点。

（1）服装发展水平的差距导致服装陈列的水平相应地出现了距离。

（2）经济发展水平的不同导致国内的消费观念落后于欧美国家，很多商场的管理在很大程度上也限制了陈列的发展。

（3）国内服装企业在思想意识上对陈列的重视度不够。

（4）对陈列职位概念及功能不太明确。

✍ **案例拓展："国潮"崛起正当时**

· ·

弘扬传统文化，是国内服装品牌陈列设计应用新趋势。近几年，传统文化炙手可热，服装品牌应用传统文化对终端陈列设计形象升级再造，塑造出符合消费者的消费需求和消费情怀的品牌文化和终端陈列形象，传统文化的能量和广阔的发展前景使服装企业尤为重视。

企业在文化营销中汲取传统文化的精华，以传统文化历史传承，民族情感等独特的属性来召唤消费者的消费情怀和文化认同，给企业带来新的加分项。

例如，国产运动品牌李宁推出与中国传统文化结合的服饰产品，在品牌终端的陈列设计环节将国潮文化体现得淋漓尽致，国潮海报、国粹京剧、国潮产品等元素注入门店陈列设计，品牌门店陈列形象宛如传统文化精粹的集合地。李宁汲取民族文化的精粹融入服装品牌陈列文化，激发消费者的民族文化自豪感，提升品牌竞争力，李宁也成为消费者心目中的"国货之光"。国潮兴起是基于国家对传承和弘扬传统文化的大力支持以及新时代下消费者强烈的本土意识和文化认同，而文化自信正是国潮爆火的主要原因（图1-5、图1-6）。

图1-5 李宁国潮文化

图1-6 李宁门店设计

创立于1996年的例外是中国原创设计品牌。例外忠于最纯粹的基于人本的工艺精神，不断追求勇于重构风尚的理念。作为东方美学的当代发现者，例外坚持寻找杰出的手工艺，包括刺绣、印染、手工泼染、冷染、植物拓染等，并把它应用于当代的服装产业生产制作中。例外所坚持的文化属性、独立原创设计精神以及高精专的制作技艺，代表着中国服装产业的一流水平。凭借其特立独行的哲学思考与美学追求，例外成功地打造了一种东方哲学式的当代生活艺术，更赢得海内外各项殊荣与无数顾客的喜爱（图1-7）。

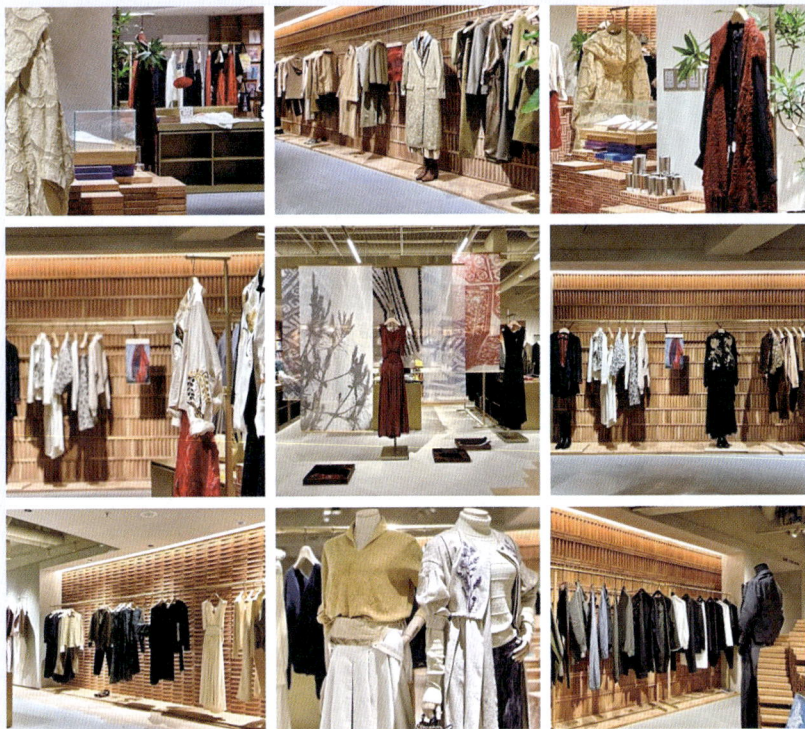

图1-7 例外门店形象

五、国内外陈列设计岗位的发展情况

经过很长时间的发展，陈列的职位分工已达到了比较明确的程度，主要有陈列主管、陈列设计师和陈列师三个岗位，他们的岗位职责如下。

扫一扫，看微课

1. **陈列主管**

陈列主管主要负责陈列手册、评估报告、具体的实施计划和陈列后的销售报表。他们会接触到更多的货品，最先知道设计师的理念，然后向下传达，和所有的陈列设计师和陈列师沟通，另外还要负责零售商和代理商的店面陈列指导和导购的培训工作。

2. **陈列设计师**

陈列设计师的工作是在深入了解品牌文化和服装设计的基础上，针对服装设计师每季推出的设计主题，对店面和橱窗进行设计和整合，提高服饰陈列的吸引力，与服装流行主题完美结合，以达到视觉上的完美效果。

3. **陈列师**

陈列师的主要任务是执行。陈列师通常有一定的服装销售经验，但对品牌文化和服饰风格缺乏整体的把握，因此，他们主要根据陈列设计师的创作意图进行陈列实施和陈列维护等细节工作。

如果服装企业对这些职位的概念和功能没有明确的区分，那么如何有效发挥他们的最大价值就会显得相对困难，而陈列的有效性也不会得到全面发挥。

国内的陈列岗位大多停留在陈列师的阶段，国外的陈列水平已发展到陈列设计师的水准。与国内相比，国外品牌的发展眼光更长远，他们为陈列不惜花费很多人力、物力，陈列道具基本不会重复使用，有些还要特意去定做。例如，阿玛尼（ARMANI），就一直保持"潮流在变，风格永存"，它的陈列道具永远带着内敛的优雅，永远那么准确、严谨、细腻。

👉 **知识链接：××时装有限公司VMD（陈列师）招聘启事**

职位描述

（1）负责对终端店铺的定期巡店、市场调研，为终端视觉陈列提供方案和建议，并收集反馈信息。

（2）制定终端店铺陈列管理的相关要求，陈列手册。

（3）制作、执行并维护橱窗及店铺的陈列，负责每年换季的海报制作。

（4）配合支持零售终端各项促销推广活动与各部门协作完成季节陈列。

岗位要求

（1）具有服装设计、展示设计、视觉传达、美术类相关专业的知识。

（2）精通3D、Photoshop、Illustrator等设计软件。

（3）具有敏锐的创意思维，较高的审美能力、时尚感，色彩敏锐度高。

（4）具有资深陈列师技能，搭配能力强。

（5）具有较强的团队精神，吃苦耐劳。

（6）能适应经常在不同城市间出差。

👉 **课外拓展**

实训项目：体验有新意的服装门店

任务解析

（1）实训目的：通过调研，体验服装门店有哪些有新意的玩法。

（2）实训要求：学生自由组队，4～5人一队，选出队长，队长总体负责，队员协调配合，分工合作。

（3）实训操作：以团队为单位，深入各类服装门店，初步感知和收集服装门店存在一些什么样的新视觉营销方法。

（4）实训结果：形成调研报告，图文并茂，有自己的感受和分析，学生团队上台汇报，教师点评。调研报告要求，可制作PPT、小视频等。

职业素养任务

（1）在调研过程中，注意文明有礼、礼貌用语，养成善于观察、认真仔细的习惯。

（2）在分析过程中，注意小组协作，具备团队精神、奉献精神。

（3）在汇报过程中，锻炼表达和沟通能力。

项目二

陈列空间规划

🌐 学习目标

1. 能力目标

（1）能根据服装门店的定位，按照标准进行合理的店面空间规划。

（2）能鉴别店头设计是否合理。

（3）能根据不同的店面，设计出入口类型和通道的大小。

（4）能规划直线和环形顾客动线。

2. 知识目标

（1）掌握陈列空间规划的作用和分类。

（2）掌握店头设计的方法。

（3）掌握出入口的类型和通道设计的方法。

🎯 导入案例

近年陈列三大趋势预测

近几年，零售实体店的业绩回暖，让不少品牌重新燃起对线下销售的希望。同时，陈列在实体店中发挥的作用也在逐渐加强。尤其是各行业大牌纷纷利用场景陈列，打造独有的沉浸式体验，拉近与消费者的距离。场景陈列对线下店铺的业绩，做出了不可忽视的贡献。近年的陈列具有三大趋势，而且，已经有不少国际大牌根据这些趋势提前进行了布局，这对实体店陈列方式有着重要的参考性。

趋势一：橱窗科技化

橱窗作为店铺的第一视觉点，担任着吸引客流，引导进店的重要作用。几乎可以说，橱窗是一个店铺的标配。

目前，使用最多的就是"场景式橱窗"。通过各种道具与背景的搭配组合，让顾客联想到某种场景，从而吸引顾客进店。

现在，越来越多的橱窗开始应用"科技"，与传统的场景橱窗相比，"会动的橱窗"更容易表现橱窗想要传达的观点。

"科技化橱窗"能让顾客产生兴趣，让他们驻足观赏，从而进店消费。橱窗科技化将会是零售实体店陈列的重要趋势之一。

趋势二：店铺越来越互动化

传统的实体店顾客很少会与店铺之间产生互动，但是如今，有很多的店铺，顾客在购买的过程中，还能玩得尽兴。

在上海南京路阿迪达斯（adidas）的旗舰店内，为了增强与顾客之间的互动，设置了一个4D训练场。在店铺中，通过"电子屏＋音效"的各种新科技组合，模拟出真实的体育训练场景，做到了真正的"身临其境"。

如今，在我国不少商场内，都会放置一台或多台3D虚拟试衣镜，通过按键操作，消费者可以试穿众多大牌新款服装，且穿着效果一目了然。3D虚拟试衣镜不仅省去了消费者试衣的时间，还可以在最短的时间内知道衣服是否合身。

以太平鸟为代表的国内时装品牌，在终端店铺不仅引进了智能试衣，还增加了互动橱窗和互动展示屏，打造全新的卖场形象和陈列形式，提升消费者体验。相较于传统的陈列流程，数字交互陈列不仅降低了人工成本，还给消费者提供更具个性化的空间和服务。利用数字交互收集的数据信息，可以实现数据一体化运营，打通线上线下销售渠道，加快商品的周转速度，提升销售效率。

这些黑科技的使用，大大增强了店铺与顾客的互动，也做到了真正的"沉浸式体验"，对于零售实体店，增强与顾客之间的互动，只会多，不会少。

趋势三：陈列方式生活化

除了科技化和互动化外，商品的陈列方式也越来越生活化。在以往的陈列方式中，为了体现出秩序感，店铺一般会按照一定的陈列技巧，把商品摆放得"整整齐齐"。由于生活的压力导致越来越多的消费者不再喜欢这样拘谨的陈列方式，他们更喜欢自由、随意的陈列，比如，陈列的商品不再是单一的上衣或者裤子，而是将商品通过特定的组合，体现出接近生活的随意感。再如，直接模拟家中的衣杆，不再是单纯的挂衣服，连书包也会放在上面，更贴近日常生活。

为了让顾客更近距离地接触商品，不少品牌都开始尝试陈列生活化。相信在未来，生活化的陈列方式必然受到追捧。

📋 任务描述

AZ女装某门店开业一个多月了，销售额与预计的目标相差甚远。门店管理者开始寻找门店业绩不好的原因，他们认为，这个店铺的位置很好，附近几家同样类型的店铺生意都不错，应该不是选址的问题，服务、货品的质量等原因也都一一排除，最后他们发现，顾客在门店停留的时间很短，从主入口进入店铺之后很快就从出口出去了，并且重点陈列区、特价区等划分不清，总体来看，门店的空间规划有较大的问题。

针对门店存在的问题，陈列设计师计划对门店的入口、通道以及顾客运动路线进行重新设计，使顾客的停留时间增长，引导顾客逛完整个门店，并达成刺激顾客购买的目的。

知识准备

服装陈列是一个整体和系统的工作，对服装门店的陈列设计，第一项工作就是对整个门店进行空间的规划，这是门店其他陈列工作如卖场环境布局、色彩规划以及橱窗陈列等工作的基础。合理的空间规划可以有效地引导顾客光顾整个卖场，并创造一种舒适的购物体验，对塑造品牌的形象和促进门店的销售都可以起到积极的作用。门店的空间规划包括销售区域设计、通道布局、导入区设计以及服务空间设计等内容。

任务一　整体空间规划

陈列空间规划是服装门店陈列设计的基础，空间规划的目的是增加顾客进店率，延长顾客驻留时间，营造良好的卖场气氛，提高客单价，从而起到提高销售业绩的作用。

一、服装卖场区域规划原则

卖场的空间布局复杂多样，经营者可根据自身实际情况进行选择和设计。在进行区域规划时，应遵循以下三个原则。

1. 便于顾客进入和购物

卖场是为顾客服务的，卖场规划必须以顾客为中心，每一处都应该充分考虑方便顾客的购买行为，顾客平常的购物习惯是"看、取、试、买"等购物行为。另外，在现代社会，顾客进入卖场的目的不只是购买服装，还是一次时尚的旅行。因此，卖场不仅要拥有充足的商品，还要创造出一种适宜的购物环境。

2. 便于货品推销和管理

符合卖场销售规律的卖场规划，将会促进销售额的提高，同时又能提高工作效率，甚至能减少卖场中人员的编制。在这方面主要应考虑以下两个方面。

（1）有效的货品推销。为了使卖场中的销售活动有起有伏，通常把卖场划分为导入区域、营业区域、服务区域三个部分。各区域之间相互呼应形成有机的联系，使卖场中的销售活动形成一环扣一环的局面。另外，通过对货架和服务设施的合理布置，使卖场中各个区域客流均匀，这样既方便管理，避免各区域导购员忙闲不均的现象，又有充分的时间向顾客推销，还可以在顾客试衣和购物路径中有意识地安排一些饰品和搭配服饰，促进顾客的连带消费。

（2）简洁、安全的货品和货款管理。为了使卖场内的视觉效果较好，通常在中间设立低架，这样有利于营造简洁、通畅的环境。将收银台、试衣室放在卖场的后半部，可以增加货款和货品的安全性。

3. 便于货品陈列的有效展示

目前大多数服装设计都有一定的系列性。在卖场陈列时，也要按系列分组陈列。因此在卖场规划中，还要考虑货柜之间的组合，即货架的摆放要方便进行服装的组合展示。

布局合理的卖场既要体现出功能的合理性，还要体现出艺术的美感，反映卖场独特的经营理念和风格。在视觉方面要考虑整个卖场中货柜、道具分布的均匀度和平衡感。一个构思新颖的卖场，才能在众多卖场中脱颖而出，给消费者留下深刻的印象。

二、空间规划分类

空间规划要结合门店的空间结构特点合理布局和设计，根据不同的标准，服装门店的空间划分有以下三种，如图2-1所示。

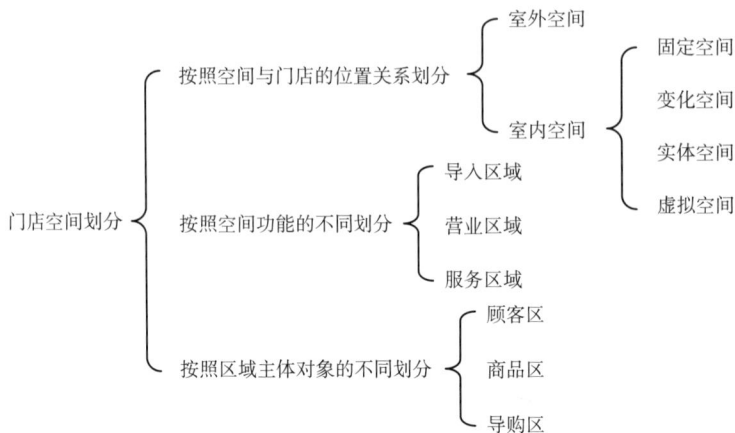

图2-1 服装门店的空间划分

1. 按照空间与门店的位置关系划分

（1）室外空间。室外空间是在门店外部的空间，由于建筑物的结构一般不能够调整，给室外空间的设计造成了很多局限，因此，室外空间很难有大的改动，主要是橱窗的形状、开门的造型，店名文字的位置、大小以及招牌的形状和装置方式的设计安排。

（2）室内空间。室内空间是可以充分发挥陈列设计的空间。设计师可以根据需要利用吊顶、地台、隔断等造型的变化，来变化陈列空间。

室内空间根据空间的形态不同可分为固定空间、变化空间、实体空间和虚拟空间。

固定空间是短期内不能改变的空间，如卖场的整体面积，已装修好的墙面、吊顶、固定货架等形成的空间，短期内无法移动或改变。虽然短期内不能改变，但固定空间也可以通过软装的方式变化不同的风格，所以所谓固定，是短期的也是相对的。

变化空间是指可以根据需要随机变化的空间布局，如可移动的货架和道具形成空间的变化。商品的陈列设计带来的不同销售效果通常会通过变化空间体现出来，变化空间是陈列设计的重点。新产品的推介、促销氛围的营造等大多都通过变化空间来体现。

实体空间是指由隔断物围绕成的空间形式，实体空间通常比较封闭，具有明确的界限，如销售场所的试衣室、收银台等。实体空间可用墙体、隔断、固定家具等元素来规划。

虚拟空间指的是没有十分完备的隔离形态，缺乏较强的限定度，只靠部分形体的指示性作用，依靠感觉和联想来划定的空间。它存在于整体空间中，与整体空间连通又具有一定的独立性。虚拟空间可借助装饰风格、照明、色彩、用材等因素的改变来达成，比如用不同的环境色彩设计来区分不同的销售区域。

2. 按照空间功能的不同划分

（1）导入区域。导入区域是吸引消费者最重要的区域之一，这个区域决定了是否能将消费者吸引入店。典型的导入区通常规划在门店临主要街道的位置，并运用灯光、招牌和橱窗增加引人注目的效果。

（2）营业区域。营业区域是直接进行产品销售活动的地方，也是卖场中的核心。营业区域在卖场中所占的比例最大，涉及的内容也最多。营业区域规划的成败，直接影响到产品的销售。

（3）服务区域。服务区域是为了更好地辅助卖场的销售活动，使顾客能更多地享受品牌超值的服务而设置的区域。服务区域主要包括试衣室、收银台、仓库等部分。在市场竞争越来越激烈的今天，为顾客提供更好的服务，已成为许多品牌的追求。

服装店铺空间功能划分如图2-2所示，从图上来看，一般导入区在店铺的最前端，是吸引消费者入店的重要区域，营业区在卖场中占的面积最大，是产品销售的重要区域，一般在店铺的最中心区域。而服务区一般会放置在店铺的最后端，这样既能不浪费黄金区域进行货品的售卖，又能让顾客穿过卖场去试衣，增加了销售的可能性。

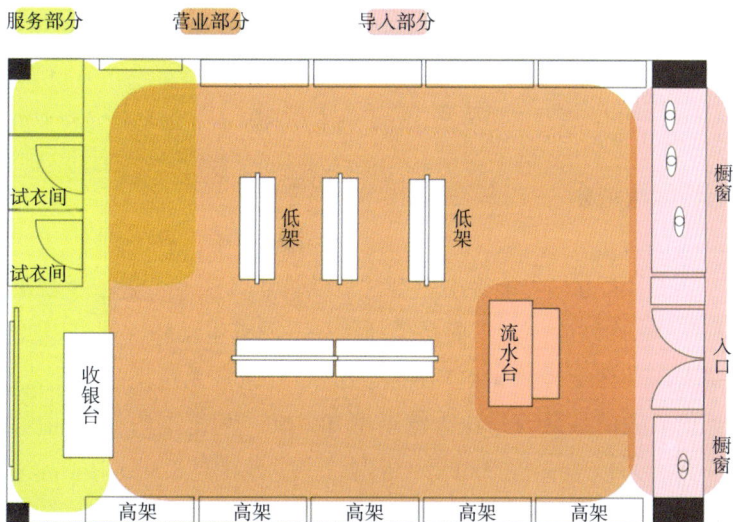

图2-2 服装店铺空间功能划分示例图

3. 按照区域主体对象的不同划分

（1）顾客区。顾客区是顾客活动的区域，在服装门店中，顾客区域主要包括顾客休息等待的场所、试衣间等。一般来说，顾客区域的大小根据服装的定位、风格以及门店的大小、位置等有所不同，价格和定位越高的服装门店，顾客区越大，设施也更好。

（2）商品区。商品区是服装门店中陈列、展示、出售服装商品的场所。门店内部的商品区有各种各样的形式，如货架、柜台、人体模型等。设置商品区的目的在于方便顾客浏览、挑选、购买商品，是直接发生销售的区域。

（3）导购区。导购区是导购人员接待顾客的区域，有的服装门店并不会独立划分出导购区域，而是和顾客区域重合。

任务二 卖场销售区域设置

一个服装店铺的区域划分，首先需要划分卖场销售区域，设定出焦点陈列区、重点陈列区、常规陈列区、辅助陈列区和特卖区（图2-3），再区分卖场重点展示区域。服装店铺应合理搭配各陈列区，做到主辅相互陪衬、相互呼应，增加顾客浏览的趣味与层次感。

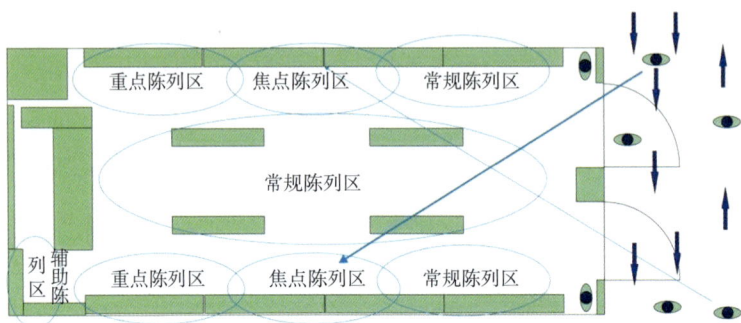

图2-3　卖场区域划分图

一、卖场销售性区域划分

1. 焦点陈列区

焦点就是每一个展示面上最先能吸引顾客注意的视点，焦点一般位于视平线的正上方。焦点俗称亮点，如果专卖店内缺少亮点，商品排列单一、没有生动感，便难以吸引顾客的注意。

消费者走进商店，经常会无意识地环视陈列商品，通常无意识的展望高度是0.7～1.7m，在视觉轴大约30°角上的商品最容易让人清晰感知，60°角范围内的商品次之。在1m的距离内，视觉范围平均宽度为1.64m；在2m的距离内，视觉范围达3.3m；在5m的距离内，视觉范围8.2m；在8m的距离内，视觉范围就扩大到16.4m。因此，商品的摆放高度要根据商品的大小和消费者的视线、视角来综合考虑。一般来说，摆放高度应以1～1.7m为宜，与消费者的距离为2～5m，视场宽度保持在3.3～8.2m。在这个范围内摆放，可以提高商品的能视度，使消费者能清晰地感知商品形象，同时也便于触摸。

2. 重点陈列区

重点陈列区是绝大多数顾客在商店都将经过的一个区域。这里应当陈列着最畅销的商品或主推产品、最新产品、展示品牌特色和本季主题流行的服装。

3. 常规陈列区

常规陈列区是商店的中间地带，是较容易看得见的区域，通常摆放长线或基本的商品，也可以在中岛或不显眼的位置陈列一些特价商品，特价商品尽量同新商品结合起来销售，以创建商品的一个新印象。

4. 辅助陈列区

辅助陈列区是顾客不易看见和经过的区域，常为商店最里面的墙面，有时也可能是商店入口的左侧。这里应当是某些易受关注的商品，它将吸引一定的顾客群，也可以陈列裤子和其他不受季节影响的春、夏、秋、冬款基础系列商品。

5. 特卖区

特卖区可视情况单独开辟一块区域，并标以明显标识，与正价区有明显分别。

二、卖场重要展示区域

在划分销售区域时，需注意以下三个重要区域。

1. 外围展示区域

卖场最外边缘，是最接近顾客自由通行的区域，也是最能展现不同销售季节商品信息的重要区域。

2. 中岛展示区域

中岛展示区域是卖场内直接影响客流走向的区域，这个区域能充分表现某些品类的款式、数量、尺寸、颜色等。

3. 壁柜展示区域

卖场内靠墙壁柜展示区域内商品的正侧挂、摆、叠手法以及色彩分割让顾客一目了然。

图2-4所示为三个重要区域在门店内的位置以及顾客对三个区域的视角感知图。

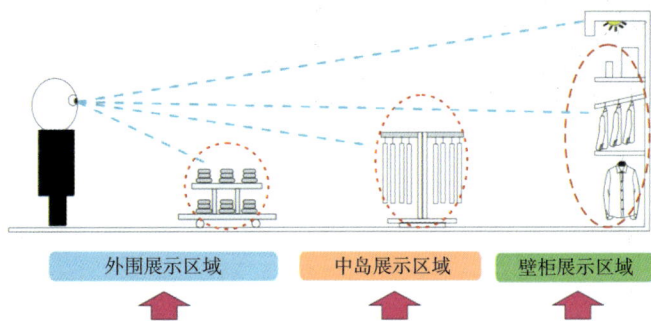

图2-4　三个重要区域位置

任务三　导入区设计

导入区位于门店的最前端，是门店最先接触顾客的位置，它通常包括店头、橱窗、POP看板、流水台、入口等元素。它的功能是在第一时间告知顾客卖场产品的品牌特色，透露服装门店的营销信息，以达到吸引顾客进入卖场的目的。

服装是一种日用消费品，顾客很容易产生冲动性的购买行为，因此门店导入区是否吸引人、规划是否合理，直接影响到顾客进店率以及门店的营业额。

一、店头

店头是门店的标志，也是品牌的标志，是品牌视觉形象识别的核心。它通常设置在门店入口最醒目的位置，通常由品牌标识或图案组成，用以吸引顾客。在设计店头之前，必须明确店铺的类型，以及店铺想要对顾客表达些什么，然后围绕店铺的定位设计店头，一般要考虑两个因素：商品的价格水平和企业识别系统（Corporate Identity System，CIS）。在符合商品价格水平的条件下，将店头设计得干净、明亮、实用，同时，需与整个企业的形象识别系统相符合。

日本东京银座路易威登的招牌（图2-5），设计简洁、大气，形象突出。简洁奢华的装修风格更是凸显了路易威登品牌的高端形象。麦丝玛拉（MaxMara）引人注目的玻璃外墙突出了品牌Logo，体现了品牌"坚定不移地贯彻简约主义"的风格，如图2-6所示。

图2-5　东京银座路易威登的招牌

图2-6　麦丝玛拉的招牌

招牌是服装门店的脸面，在命名服装店铺的招牌以及在设计服装店名称时，要做到言简意赅、清新脱俗、富有吸引力。具体可根据下列依据设计店铺名称。

1. 以商品属性命名

这种命名方式反映商店经营商品范围及优良品质，树立店铺声誉，使顾客易于识别，并产生购买欲望，达到招揽顾客的目的。

2. 以服务精神命名

这种命名方式反映店铺文明经商的精神风貌，使消费者产生信任感。

3. 以经营地点命名

这种命名方式反映店铺经营所在的位置，易突出地方特色，使消费者易于识别。

4. 以著名人物或创始人命名

这种以众所周知的人物或创始人的名字来命名的方式，使顾客闻其名而知其特色，便于联想和记忆，能反映经营者的历史，使消费者产生浓厚的兴趣和敬重的心理（表2-1）。

表2-1　以创始人名字命名的知名品牌

品牌		品牌发源地	品牌创立时间	创始人
中文名称	英文名称			
香奈儿	CHANEL	法国巴黎	1910年	加布里埃·香奈儿（Gabrielle Bonheur Chanel）
路易威登	LOUIS VUITTON	法国巴黎	1854年	路易·威登（Louis Vuitton）
菲拉格慕	FERRAGAMO	意大利佛罗伦萨	1927年	萨尔瓦多·菲拉格慕（Salvatore Ferragamo）
卡尔文·克莱恩	Calvin Klein，简称CK	美国纽约	1968年	卡尔文·克莱恩（Calvin Klein）
阿玛尼	ARMANI	意大利米兰	1975年	乔治·阿玛尼（Giorgio Armani）
博柏利	BURBERRY	英国汉普郡	1856年	托马斯·博柏利（Thomas Burberry）
范思哲	VERSACE	意大利米兰	1978年	詹尼·范思哲（Gianni Versace）
普拉达	PRADA	意大利米兰	1913年	马里奥·普拉达（Mario Prada）
古驰	GUCCI	意大利佛罗伦萨	1923年	古驰奥·古驰（Guccio Gucci）
华伦天奴	VALENTINO	意大利尼布斯	1908年	瓦伦蒂诺·加拉瓦尼（Valentino Garavani）

5. 以美好愿望命名

这种命名方式能反映经营者为消费者达到某种美好愿望而尽心服务。同时，也包含对消费者的美好祝愿，能引起消费者有益的联想，并对商店产生亲切感。

6. 以英文语音命名

这种命名方式大多被外商用在国内的合资店或代理店，便于消费者记忆与识别。

7. 以新奇幽默的名称命名

这种命名方式容易使消费者记忆深刻。

取好店名后，就要考虑招牌。招牌的设计和安装，必须做到新颖、醒目、简明，既美观大方，又能引起消费者注意。因为店名招牌本身就是具有特定意义的广告，招牌的设置能使消费者或过往行人在较远或多个角度都能较清晰地看见，夜晚应配以适当照明。

招牌的形式、规格与安装方式，应力求多样化和与众不同。既要做到引人注目，又要与店面设计融为一体，给人以完美的外观形象。招牌的材质有木质、石材、金属材料等多种，可以直接镶在装饰外墙上。招牌的安装可以是直立式、壁式，也可以是悬吊式。

服装卖场的经营范围不同，可以选择不同风格的招牌。女装店可选择时尚感强的招牌，招牌的颜色要醒目；男装店多以西服、商务装为主，较正式，招牌要适应这种风格，要显得庄重；童装店则要活泼、有趣，能吸引小朋友。

🖝 知识链接：知名服装品牌的命名案例

金利来名字的由来

金利来品牌起源于中国香港，由著名的爱国、慈善大使曾宪梓先生创立。金利来（中国）有限公司创立于 1990 年，公司旗下拥有正装及商务休闲和时尚休闲两大品牌。

金利来系列产品（及经营权使用商品）包括男士商务正装、休闲服饰、内衣、毛衣、皮具、皮鞋、皮包及珠宝等。

金利来的创办人曾宪梓曾经专门谈及他的名牌产品"金利来"的确定经过。他说："要创名牌，先要选好名称。'金利来'原来叫'金狮'，一天，我送两条金狮领带给我的一个亲戚，他满脸不高兴，说：'我才不戴你的领带呢！金输、金输，什么都输掉了。'原来香港话'狮'和'输'读音相似，而我这个亲戚又是一个爱赌马的人，香港赌马的人很多，显然很忌讳'输'字。当天晚上我一夜未睡，为改掉狮这个字我绞尽脑汁。终于将 Goldlion（金狮）改为意译和音译相结合，即 Gold 意为金，Lion 音读利来。这个名字很快就为大家接受，戴领带的各阶层生意人多，谁不希望'金利来'？"

七匹狼的由来

20 世纪 80 年代，当时中国正处改革时期，很多的华侨归国，给中国带来很多新鲜的事物。晋江有着侨乡之称，也是改革开放较早的地方，与外界的联系非常紧密，随着改革的热风，很多港澳侨亲回乡投资办厂，把一些外国的知名品牌带回销售。

七匹狼的创始人之一周少雄，当时还是一名普通的书店员工。他看到当地的服装与进口的服饰价格差距非常大，而且很多国人都非常崇拜外国货，品牌观念也很强。正是这样的现状，激起了周少雄创业的欲望，他和 6 位抱着一样梦想的年轻人讨论品牌商标的问题。他们研究了外国品牌商标后，发现像宾奴（一只漂亮的金鱼）、花花公子（一头可爱的小兔）等牌子都是用动物作为图标。于是决定采用狼作为标志。狼是一种机灵敏捷、勇往直前，而又富有团队精神的动物，这是创业中他们所想拥有的素质。为什么定位是七匹呢？这是因为他们七人一起创业，而且"七"代表"众多"，而"狼"在闽南话中是"人"的谐音，最后就以"七匹狼"作为企业名称，这寓意着他们 7 人共同团结奋进的一个梦想。这就是七匹狼品牌充满梦想的起源。所以说，只要有梦想，只要肯努力，一切都是有可能的。

LEVI'S品牌牛仔的由来

李维·斯特劳斯（Levi Strauss）于 1847 年从德国移民至纽约，当时 17 岁，几乎完全不会讲英语的他在美国最初的几年是为他的两名兄长打工。他在纽约一带的偏僻市镇和乡村到处贩卖布料及家居用品，有时甚至露宿路边或在空的车房里过夜。

加州淘金热的消息使年轻的斯特劳斯相当入迷，因此于1853年搭船航行到旧金山。他带了数卷营帐及篷车用的帆布准备卖给迅速增加的居民。很快他发现帆布有更好的用途，因为有一名年老的淘金人表示他应该卖的是能承受挖金粗活穿的长裤。

于是他把卖不完的帆布送到裁缝匠，制作了第一条LEVI'S牛仔裤。就在那一天，LEVI'S的传奇诞生了。

很快，这种强韧的牛仔裤一传十、十传百，年轻的斯特劳斯不久便在旧金山开了第一家店，他开始生产齐腰的紧身裤。后来，他放弃帆布，改用斜纹粗棉布，那是一种在法国纺织，以不变色的靛蓝染料染成的强韧棉布。

虽然初步获得了成功，但李维·斯特劳斯并不就此满足，他还在继续对牛仔裤进行改进。当时淘金工人在劳动时，常常要把沉甸甸的矿石样品放进裤袋，沉重的矿石经常使裤袋线崩断开裂。当地一位名叫雅各布·戴维斯的裁缝经常为淘金工人修补被撑破的裤袋，他用黄铜铆钉钉在裤袋上方的两角上以固定裤袋，同时在裤袋周围镶上皮革边，这样既美观又实用，以致有的工人裤子并没有磨破，但为了美观也去镶边。雅各布就此向斯特劳斯提出了建议，李维接受了建议，把尚未出厂的工装裤全部钉上黄铜铆钉，并申请了专利，由此传统的牛仔裤就此定型。

1872年李维·斯特劳斯在基本定型的牛仔裤的基础上申请了牛仔裤的生产专利。

二、橱窗

橱窗是服装卖场视觉形象展示的常见形式，旨在直观地展示服装促进销售。橱窗指的是由人体模型或其他陈列道具组成一组主题，形象地表达品牌的实际理念和卖场的销售信息。

橱窗通常位于出入口的单侧或两侧，和出入口共同构成专卖店的门面，它对于吸引消费者进店能起到很好的诱导作用。据国外的研究发现，50%的女性从商店展示或浏览橱窗中能够获得自己要穿什么衣服的想法。

橱窗同时也是传递服装信息、活动信息的一个窗口，用于新品服装展示、节假日活动展示、季节服装展示和主题展示等。

橱窗是卖场展示品牌形象的窗口，也是传递新货上市以及推广主题的重要渠道。人们对客观事物的了解，有70%靠视觉，20%靠听觉。橱窗能最大限度地调动消费者的视觉神经，达到诱导、引导消费者购买的目的。让顾客的眼睛在店面橱窗多停留5秒，就获得了比竞争品牌多一倍的成交机会。

如果把卖场比喻成一个人，那橱窗便是眼睛。从橱窗便可以看出卖场风格和品牌特点，所以，好的橱窗能吸引更多消费者，也能更好地宣传品牌和企业形象。

服装卖场橱窗的展示有以下四种形式。

1. 场景式

设计某一情境或情节对服装进行展示，使顾客进行联想产生亲切感。

2. 专题式

可以以某一庆典或节日为主题，构成热烈的场面，渲染节日气氛。

3. 系列式

展示服装的完整系列产品，产生视觉冲击力，使消费者充分了解服装的当季系列产品。

4. 综合式

将不同类型的各种服装服饰经过组合搭配布置在同一个橱窗中，尽可能丰富地展示该品牌的服装，在搭配中既要表现丰富多彩，又要井然有序。

橱窗设计的灵感来源于三个方面：一是直接来源于时尚流行趋势主题，二是来源于品牌的产品设计要素，三是来源于品牌当季的营销方案。橱窗设计是服装终端卖场视觉形象展示中与市场经济关系最密切的设计活动，它的设计成功与否与商品的营销效果有直接联系。它既是服装的广告媒介之一，有时又是城市整体景观的组成部分。

三、流水台

流水台是对卖场中的陈列桌或陈列台的通俗叫法，通常设置在入口处或店堂的显眼位置，有单个的，也有用两三个高度不同的陈列台组合而成的子母式流水台。流水台用一些造型组合来诠释品牌的风格、设计理念以及卖场的销售信息。

在设有橱窗的卖场里，流水台起到和橱窗里外呼应的作用，并更多地扮演着直接传递销售信息的角色；而在一些没有设立橱窗的卖场中，流水台还要承担橱窗的一些功能。

四、出入口

小型服装门店的出入口通常合而为一，不分开设置，也可以根据门店的大小设置分开的出入口，出入口通常由橱窗和门的不同结构组成。

出入口与橱窗的构成主要有三种形式，如表2-2所示。

表2-2　三种出入口类型的对比分析

类型	特点	优点	缺点
直线型	门与橱窗在同一个水平线上，与卖场外过道连接	①经济效率高 ②占用内部销售空间少	①缺乏吸引力，外形过于单调 ②限制顾客观察内部陈列的视角 ③不利于顾客滞留
内凹型	门与橱窗不在一个水平线上，形成一个内凹的缺口	①对顾客具有强烈的吸引力 ②有利于引导顾客进入门店内部 ③能够给消费者提供更广的视角，浏览卖场内部的情况 ④有利于顾客在橱窗外滞留	占用较多的内部空间
走廊型	门与橱窗在同一个水平线上，但都不与卖场的外过道连接	①有利于引导顾客进入门店内部 ②能够为顾客提供观察门店的独立区域 ③对顾客的艺术吸引力很强	①减少了内部的销售空间 ②对门面的建筑难度高，投资较大 ③对橱窗的设计提出了更高的要求

由于出入口的开放程度和透明程度给人的感觉不同，根据服装品牌定位不同，服装店铺

的出入口设计也存在很大的不同。

通常中、低价位品牌大多采用敞开式且开度较大、平易近人的入口设计。主要原因是卖场客流量相对较大，并且这些品牌的顾客群在卖场中做出购物决定的时间相对比较短，对环境要求相对较低。

高档品牌大多采用入口敞开度较小、具有尊贵感觉的入口设计，原因是这类店铺每日的客流量相对比较少，其顾客群做出购物决定的时间相对较长，而且顾客需要一个相对安静的环境。

图2-7所示为宝姿（PORTS）上海旗舰店的出入口设计，整个店铺的门面乍一看像是一座漂浮在海洋上的冰山，有着高冷尊贵的气质，指向性非常强。

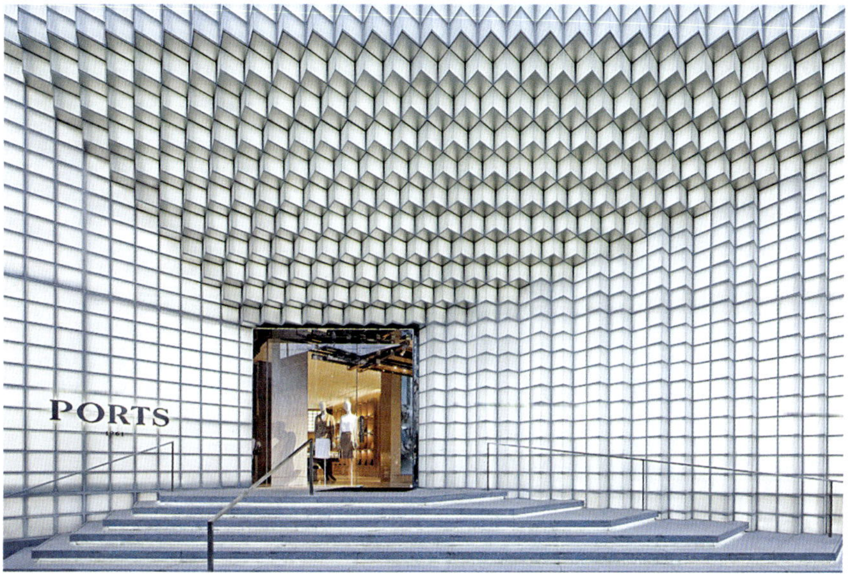

图2-7　宝姿1961上海旗舰店出入口设计

除了根据品牌的档次来考虑外，还要根据门面大小来考虑入口设计。通常门面较窄的店铺适合用敞开式和半敞开式的橱窗形式，入口宽度适中、明亮通透，顾客能看清店内重点陈列的商品以及其他商品，使顾客产生进店选购的欲望。

无论入口怎样设计，都必须是宽敞、容易进入的，同时要在门口的导入部分留下合理的空间。设立在商场内部以专柜形式存在的店铺，主通道的入口最好直通顾客流动的方向，如电梯出口，并在入口处陈列具有魅力和卖点的商品，以吸引更多顾客。

任务四　卖场通道布局

通道是店内的交通路线，它的布局设计其实就是确定顾客浏览的路线，因此，也可以把通道叫作流动线，是顾客购物与卖场导购的必要通路。

服装门店内的通道是根据商品的配置位置与陈列的布局是否达到了最佳效果来设计的，良好的通道设计，能便利而通畅地引导顾客到达卖场的每个角落，让顾客能尽量接触所有的商品，使卖场空间得到最有效的利用，同时还能保障顾客的疏通和安全。

一、通道设计的原则

1. 通道要开放畅通，便利顾客出入

通道必须考虑良好的通过性。在城市的道路规划中，规划部门要从道路的数量、分布、宽窄、主副道路的配置以及方便车辆的通过等方面考虑。这一点卖场通道的规划和配置是与之一致的，通道"通畅"也是店铺设计要考虑的重要元素。

在卖场入口处、店内通道的设计上要充分考虑顾客是否容易进入和方便通过。卖场内部的通道要留有合理的尺度，方便顾客到达每一个角落，避免产生卖场死角。

2. 尽可能延长消费者在店铺中滞留的时间

店铺通道的设计还要考虑顾客在购物中停留的空间。一些重点部位要留有绝对的空间，因为店铺最终的目的，不是让顾客通过而是停留，店铺通道的设计要起到"引导"作用，引导顾客进入卖场的每个角落，在店内顺畅地选购商品。

3. 直通道少拐弯方便顾客行走

通道要避免出现"迷宫式"，尽可能设计成直的单向通道。在顾客购物过程中，尽可能通过科学合理的陈列方式，避免顾客走回头路。即使在通道途中有拐角，也要尽量少，而且可以借助连续展开不间断的商品陈列线来进行调节。

4. 通道照明要明亮

明亮整洁的卖场通道和优雅、轻松的购物环境，往往会使顾客对店内商品产生一种品质优良的感觉。在设计通道时，要合理运用有效的空间和内部的灯光、音响、摆设、色彩，营造出令顾客心旷神怡的购物氛围。

5. 卖场与后场衔接要紧密方便补货

卖场与后场的通道连接是卖场通道设计必须注意的一个问题。后场包含仓库、更衣室等，主要功能是进行商品的补给。所以在设计通道时，要寻找最合理、最经济的商品补给路线，一般选择最短的距离单行道设计，减少多种商品补给线的交叉或共用；要保持地板平整一致，保证商品补给的平稳顺畅，避免出现台阶、门槛等；建议后场使用推拉门，这样可使出入口宽敞，节约开门空间，美观又实用。

二、主通道的形状

卖场通道根据经营的服装类型和卖场面积的大小，可以规划成不同形状的通道形式，一般有以下三种类型。

1. 直线型通道

一条单向直线通道，或先以一个单向通道为主，再辅助几个副通道的设计。顾客的行走路线沿着同一通道做直线往复运动，直线型通道通常是以卖场的入口为起点，以卖场收银台作为终点的通道设计方案，它可以使顾客在最短的路线内完成商品购买行为。

　　直线型通道的优点是布局简洁，商品一目了然，节省空间，顾客容易寻找货品，便于快速结算，缺点是容易形成生硬、冷淡和一览无遗的气氛。直线型的通道设计适合小型店铺及店铺面积利用率较高的卖场，不太适合进深特别长的店铺，因为会给人一种非常深远幽静的感觉（图2-8）。

图2-8　直线型通道设置

　　2. 环绕型通道

　　主通道的布局是以圆形环绕整个卖场。环绕型通道布局有两种：一种是R型，两个入口，再围绕着中心岛的中间通道观看商品的流动线；另一种是O型，一个入口，再围绕着中心岛的中间通道观看商品的流动线。

　　环绕型通道的特点是具有指示性，通道的指向直接将顾客引导到卖场的四周，使顾客分流并迅速进入陈列效果好的边柜；简洁且有变化，顾客可以依次浏览和购物。这种通道设计适合于营业面积相对较大或中间有货架的卖场。

　　3. 自由型通道

　　自由型通道设计有两种：一种是货柜布局灵活，呈不规则路线分布的通道，如图2-9所示；另一种是卖场中空，没有任何货柜的引导，顾客在卖场中的浏览路径呈自由状态。

　　自由型通道的优点是便于顾客自由浏览，突出其在卖场中的主导地位，顾客不会有急切感。顾客可以根据自己的意愿随意挑选，看到更多商品，增加购买机会。

　　自由型通道的缺点是空间比较浪费，且无法引导顾客的购物路线，在客流比较大的卖场容易形成混乱。因此，自由型通道设计通常用于价位比较高、客流比较少、面积比较小的卖场。

图2-9　自由型通道设置

三、主副通道的宽度

成年男、女的最大肩宽分别约为431mm、397mm，考虑到人的着装厚度，行走时摆动双臂及顾客间行走时的基本空隙，因此在人体最大肩宽左右分别增加100mm，得到男、女顾客通过卖场时的基本宽度分别约为631mm和597mm。考虑到服装卖场顾客性别的不唯一性，所以进行卖场设计时，一个人通过卖场的基本通道宽度应为631mm。

一个顾客面向货架挑选商品的基本宽度约为450mm，此时若另一顾客正向通过通道，通道的基本宽度则需要1047～1081mm。若两人并肩同时通过通道，通道的基本宽度则需要1194～1262mm。根据上述计算方法，得出服装卖场内的基本通道宽度，如表2-3所示。

表2-3　服装卖场基本通道宽度值　　　　　　　　　单位：mm

序号	顾客运动状态		通道基本宽度
1	一人正面通过		男，631
			女，597
2	一人面向货架挑选		450
3	两人并肩通过		两男，1262
			两女，1194
			一男一女，1228
4	一人面向货架挑选商品，另一人正向通过		1047～1081
5	两人面向货架挑选商品，另一人正向通过		1497～1531

卖场内入口及通道不同宽度的客流通过示意图如图2-10所示。其中，图2-10（1）为店铺入口的主客流通道，设置成允许3人正面并肩通过，宽度为2.4～3.6m；图2-10（2）为店内双向客流通道，设置成一人面向货架挑选商品，另一人正向通过，宽度为1.1～1.6m；图2-10（3）为店内双向客流通道，设置成两人正面并肩通过，宽度为1.8～2.1m；图2-10（4）为店内单向客流通道，设置成一人正面通行，宽度为0.9～1.2m。

通道布局范例（1）如图2-11所示，粉色的区域是设置成两人正面并肩通行的主客流通道，淡绿色区域是设置成允许一人面向货架一人正面通行的店内双向客流通道，黄色的区域表示卖场的道具，从图中可以看出，在进行店铺的客流通道规划时，要进行不同的通道间隔搭配设置。

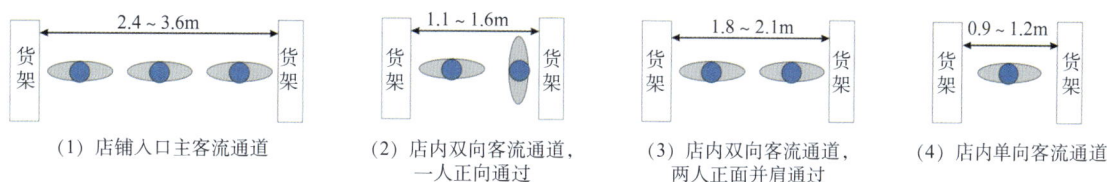

（1）店铺入口主客流通道　　（2）店内双向客流通道，　　（3）店内双向客流通道，　　（4）店内单向客流通道
　　　　　　　　　　　　　　　　一人正向通过　　　　　　　两人正面并肩通过

图2-10　卖场内通道设置的几种形式

卖场通道布局范例（2）如图2-12所示，粉色区域1.8m的两人正面并肩通行的主客流通道，蓝色区域是1.2m的单向客流通道，黄色区域是卖场道具。此范例根据店铺的空间大小、卖场道具的大小及位置等相关因素进行店铺通道设计，主客流通道设置在卖场的入口和后场，中间区域更多的是1.2m的单向客流通道。

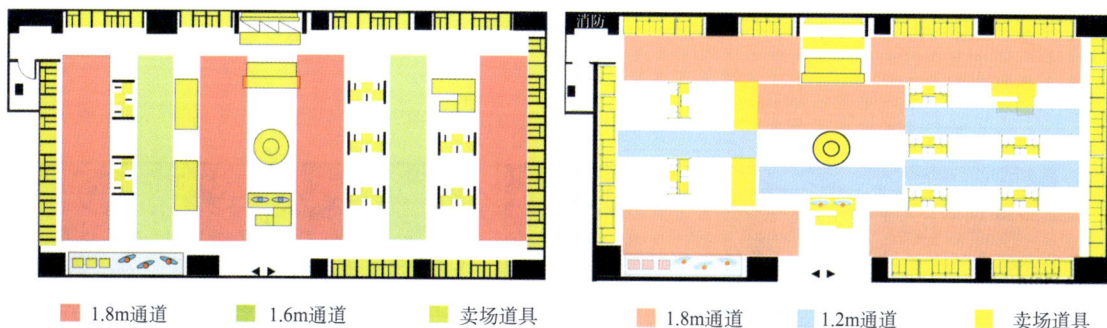

■ 1.8m通道　　■ 1.6m通道　　■ 卖场道具

图2-11　卖场通道布局范例（1）

■ 1.8m通道　　■ 1.2m通道　　■ 卖场道具

图2-12　卖场通道布局范例（2）

四、服装卖场顾客流动路线设计

流动路线是指顾客在店铺内的行动路线。主要受店内的商品陈列和道具摆设的影响，它的顺畅与否会直接影响顾客的购买意愿。

顾客流动路线的设计是在固定的空间里设计人流走动的主体方向，让消费者按照事先设计好的路线流动，延长消费者在店铺的停留时间，从而带动购买

扫一扫，看微课

率的提升。

顾客流动路线通常有直线流动和环线流动两种。

1. 直线流动

直线流动即穿越式流动（图2-13），店铺的入口和出口在不同的两侧。

如果顾客流动路线为直线流动的店铺，而且同一个店铺里面有男装女装，规划男女装陈列区域时，最好不要左右划分。

图2-14所示为错误的男女装陈列分区方法，这种分区域的方法使顾客在店铺停留的时间比较短，不利于商品销售。图2-15所示为正确的分区方法，顾客无论从主入口还是次入口进入店铺，其动线都会长许多，顾客接触产品和停留店铺的时间也会更长一些。

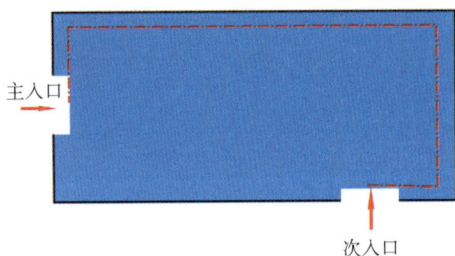

图2-13 直线流动路线

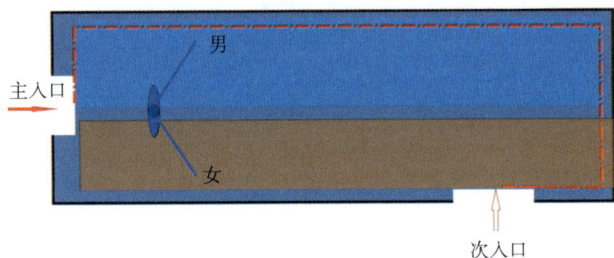

图2-14 错误的男女装分区方法

2. 环线流动

环线流动通常指在一些三面围合的空间里，入口和出口在同一侧（图2-16）。多数专卖店和部分商场边厅就是这样的店铺。

图2-17所示为错误的环线动线流动，这样的流动方式容易造成杂乱拥挤，特别是图中这种狭长的店铺。

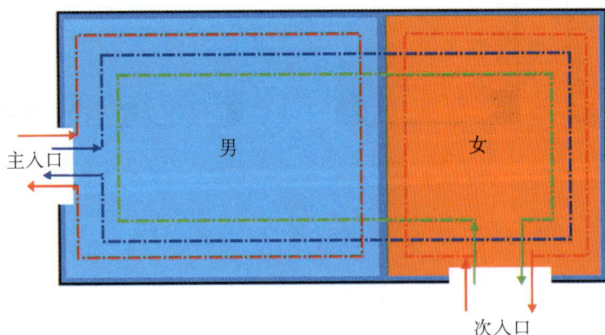

图2-15 正确的男女装分区方法

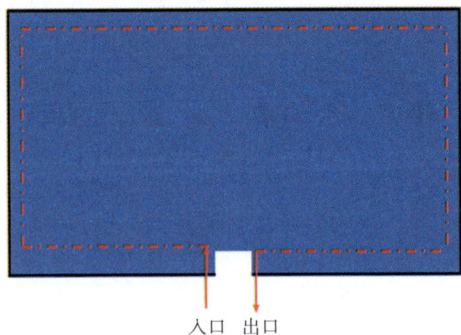

图2-16 客流环线动线流动

图2-18所示为正确的环线动线流动，这样的规划将每一个系列规划成一个小的完整区域，形成单纯而有变化、必要的转折，这样有序的规划可以避免客流拥挤，形成良好的氛围。

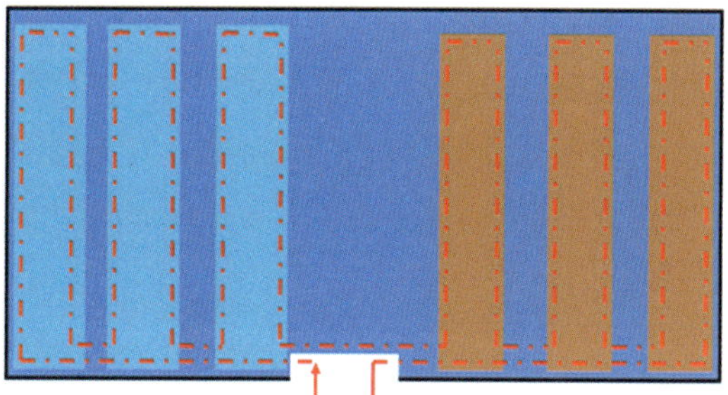

图2-17　错误的环线动线流动

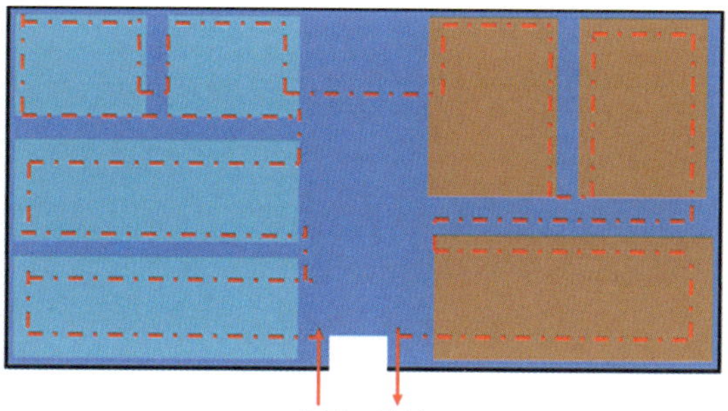

图2-18　正确的环线动线流动

任务五　服务区域设计

服务区主要包括试衣间、收银台和仓库，有的还设置了顾客休息和等候的区域。

一、试衣间

试衣间是供顾客试衣、更衣的区域（图2-19）。试衣间包括封闭式的试衣间和设在货架间的试衣镜。从顾客在整个卖场的购买行为来看，试衣间是顾客决定是否购买服装的最后一个环节。通常情况下，试衣时间的长短与购买的概率有一定的正相关，在试衣间停留的时间越长，购买的可能性越大。

1. 试衣间的位置

试衣间通常设置在卖场的深处，其原因主要是可以充分利用卖场空间，不会造成卖场通道堵塞，同时可以保证货品安全。另外可以有导向性地让顾客穿过整个卖场，使顾客在去试衣间的途中，经过一些货架或货柜，增加顾客二次消费的可能。

图2-19　试衣间

试衣间的位置要方便顾客寻找，在试衣间附近可以多安装几面穿衣镜，便于顾客试衣。试衣间的数量要根据卖场规模和品牌的定位具体而定，数量要适宜。如果数量太多，不仅浪费卖场的有效空间，还会给人生意萧条的感觉。数量太少，会造成顾客排队等候，使卖场拥挤。因此通常客流量较大的品牌店，试衣间的数量可以相对多一些；人流量少的品牌店，试衣间的数量可以少一些。

2. 试衣间的类型

试衣间的类型主要有正反型试衣间、标准试衣间、圆形试衣间、挂帘式试衣间。正反型试衣间试衣门方向相反，规格为1.1m×1m，多安排在大型服装百货的开放空间处，人流较多时方便顾客试衣。标准试衣间可以是单个或多个，规格为1.1m×1.2m，多设置在人流相对较少的品牌连锁店。圆形和挂帘式试衣间常用于一般的服装店。

3. 试衣间的尺寸

试衣间在空间尺寸的设计上要让顾客在换衣时四肢可以舒适地伸展活动，通常其平面的长度和宽度应不少于1m。试衣镜作为试衣间的重要配套物，应该引起重视。因为顾客是否购买一件服装，通常是在镜子前做出决定的，镜子要安放在合适的位置，放在试衣间里可以使顾客安心试衣，但其缺点是可能占用时间较长，也不利于导购员的导购活动。所以大众化品牌服装店铺，一般都将镜子安放在试衣间门外的墙上或其他地方。

试衣间和试衣镜前要留有足够的空间，分布要合理，要使顾客能分散开，因为这里经常会有顾客的朋友和导购员的逗留，应防止试衣的顾客挤在一起。

4. 试衣间的其他细节

因为试衣间是顾客空间，其私密性是店家应该首先考虑的，试衣间相互之间不应开放，保证试衣间的门锁不会出现问题，试衣间的空间不宜狭小，要考虑消费者试衣时身体的舒展度。试衣间内设置凳子、拖鞋，墙上设置挂钩，会使消费者加深对卖场的良好印象。试衣间的门最好为半封闭，以便导购员在为消费者试衣时提供一对一的服务，如不同型号服装的递换等。试衣间的色彩不宜沉闷，其色调应与卖场色调一致。因为试衣间空间狭小，颜色过分强烈会导致消费者购物的情绪急躁、不稳定。

二、收银台

收银台是顾客付款结算的地方。从卖场的营销流程上看，它是顾客在卖场中购物活动的终点，但从品牌的服务角度看，它又是培养顾客忠诚度的起点。收银台既是收款处也是一个卖场的指挥中心，通常也是店长和主管在卖场中的工作位置；收银台不仅是消费者付款的地方，还承载着宣传品牌形象的附属作用。近年来，许多品牌通过在收银台设置人脸识别系统，完成会员注册、服饰商品推荐、付款售后等消费环节，节约咨询、排队等时间，提升消费体验。

收银台一般设置在卖场进门的正对面，面对卖场大门以了解消费者的光顾情况，以便店员在台前对卖场的情况及时了解。收银台也可以根据卖场具体的平面形状设置位置，位置的设置主要应考虑顾客的购物路线、货款安全、空间的合理利用以及便于对整个卖场的销售服务进行调度和控制。

卖场收银台的设置要满足顾客在购物高峰时能够迅速付款结算。根据不同的品牌定位，收银台前还要留有充足的空间，以应对节假日顾客多的情况。一些中、低档的服装品牌，要考虑顾客在收银时的等待状态。

收银台制作所涉及的材质也是多种多样的，要根据品牌的风格进行定位，单纯的收银台设计不宜烦琐，力求简单大气，功能尽可能齐全（图2-20）。除了设置电脑收银的功能外，为了提高销售额，收银台中或附近可放置一些小型的服饰品，以增加连带消费。

图2-20 标注品牌Logo简单大气的收银台

综上所述，一个服装店铺的空间规划应根据品牌的目标定位、店铺风格、规模来进行设计，如图2-21所示为雅戈尔品牌门店空间规划效果图，整个空间简洁、大方，通道宽敞、明亮，收银台、试衣间、休息区的设置充分考虑了品牌定位和顾客的需求。

图2-21 雅戈尔门店空间规划效果图

三、仓库

由于服装门店经营的商品种类和数量较多，因此，在卖场中附设仓库，可以在最短的时间内完成卖场的补货工作。仓库的设定以及面积的大小，主要视服装门店的面积和销售情况而定。

☞ 课外拓展

实训项目：**服装门店空间规划调研分析**

任务解析

（1）实训目的：通过实地对服装门店空间规划的调研，将学到的相关知识与实际应用进行对比，加深对空间规划相关知识的掌握和记忆，分析调研门店的空间规划布局，为以后从事相关的工作打下基础。

（2）实训要求：学生自由组队，4～5人一队，选出队长，队长总体负责，队员协调配合，分工合作。

（3）实训操作：以团队为单位，选择两个有代表性的服装店铺，根据本项目的内容进行调研，调研店铺的整体规划、导入区设计、通道设计以及服务区域设计，对比这两个店铺的卖场构成与布局设计，分析做得好与需要改善的地方，撰写分析报告，并进行汇报。

（4）实训结果：上交调研分析报告，学生团队上台汇报，教师点评。

（5）调研报告要求：可制作PPT等协助完成汇报。

职业素养任务

（1）锻炼信息收集与分析能力，养成认真、仔细观察的习惯。

（2）善于发现问题、提出问题和解决问题。

（3）注意团结协作、互相帮助、共同进步。

陈列形态构成

学习目标

1. 能力目标

（1）能根据色相、色调进行不同类型的色彩搭配。

（2）能进行叠装、正挂、侧挂的常规陈列。

（3）能根据叠装、挂装的陈列规律设计有创意的陈列。

（4）能设计不同陈列方式的组合。

2. 知识目标

（1）了解色彩的基本知识。

（2）掌握叠装、正挂、侧挂、人体模型以及饰品陈列的基本规范。

（3）掌握各种陈列方式组合的搭配方法。

导入案例

品牌的色彩

蒂芙尼：蒂芙尼蓝（Tiffany Blue）

有一种蓝叫蒂芙尼蓝，它是蒂芙尼的品牌用色，并成为其品牌标签。早在1845年，蒂芙尼蓝首次用于蒂芙尼蓝书封面，此后，便将这种颜色广泛使用于礼盒、手提袋等该公司推广物品的材质上。

蒂芙尼蓝是一种较浅的知更鸟蛋蓝色，色彩独特。它的RGB色值是129、216、207，CMYK色值为51/56～60、0、25～35、0。蒂芙尼蓝被称为世界上最昂贵的蓝，是全世界女性梦想中的蓝色，有"幸福"的寓意，所以它也被运用在婚礼上。

每当人们在其他地方看到这种颜色时，都会说"那是蒂芙尼蓝"，这种色彩已经深深融入了品牌的DNA，成了品牌视觉营销的有力武器。

爱马仕（HERMÈS）：橙

鲜艳热烈的橙色如果用得不好会显得刺眼和低俗，可当看到爱马仕橙，会发现与它有着自然风格的品牌倾向十分匹配。自由、奔放、阳光、时尚，爱马仕橙成为奢靡的主旋律，华丽激昂，让人感受到永不停歇的时尚生命力。

不管是在时装还是丝巾上，爱马仕橙永远是那一抹最亮眼的色彩，多少年来尽管潮流瞬息万变，爱马仕橙却不曾改变。

路易威登：棕

经久不衰的老花图案和成熟庄重的棕色，让路易威登在全球众多奢侈品中成为人们趋之若鹜的品牌。虽然它后期的设计越来越年轻化，但是"LV棕"却成为不可磨灭的品牌印记。除了经典的老花包包配色，其围巾、行李箱等经典系列中的经典款式也为人们所熟知。

香奈儿：黑白

黑白是香奈儿的设计中用得最多的配色，这也很符合它本身古典的品牌风格倾向，高级又正统。从经典的小黑裙到洁白的山茶花，再到时髦的双色鞋，各种各样的黑白单品，成了香奈儿品牌的经典款，形成无法替代的"小香风"。

博柏利：卡其色

博柏利是极具英国传统风格的奢侈品牌，更是英国皇室御用品，其品牌理念所强调的一直是高贵的设计。卡其色给人一种低调而温柔的感觉，没有冷漠，也没有张扬，只是静静地展示着属于自己的典雅魅力。

温柔的卡其色和黑白红条纹格子是博柏利最经典且最具辨识度的元素，不管是围巾还是包包，都是时尚界中的经典。

色彩是一个品牌和企业表现外在的第一印象，也是传递精神的无声语言。对色彩运用原理了解得越多，营销就越有优势，色彩的形象化直接影响到消费者对商品内容的判定。

💡 任务描述

AZ公司的陈列师罗雯在对店铺巡视的时候发现，个别门店的陈列非常乱，没有按照公司的陈列规范来做，她发现的问题主要有以下五点：

（1）上衣侧挂的色彩排列杂乱，不具备美感。

（2）三个人体模型的服装色彩搭配存在问题，且人体模型的着装并不是当季主推的新款，服装的吊牌也露在外面。

（3）羊毛衫的叠装陈列数量太少。

（4）正挂过于单调，没有任何的饰品做衬托。

（5）特价商品和新品混放在一起，没有明显区隔。

对于该门店出现的陈列问题，经过调查分析，罗雯认为是培训不到位引起的。以往门店陈列方面的培训主要面向店长、副店长等管理岗位，对导购等基层岗位的培训不够，导致基层员工在落实陈列规范时没有到位。

陈列对门店的销售非常重要，罗雯深知这一点。因此，她决定向公司建议，对导购也要通过多种方式进行陈列培训，同时还通过到店指导、陈列手册学习考试、网上学习等方式，让门店的每一位员工都能了解基本的陈列知识。

罗雯在进行陈列形态方面的培训时，制作了陈列形态的规范手册，让店长对陈列的形态有基本的了解。为了使门店的每位员工都能了解陈列的基本知识，她根据自己的专业知识，通过系统的理论和实际案例整理了一套图文并茂、通俗易懂的陈列手册。

📚 知识准备

陈列形态构成是一个服装企业制定门店陈列规范的基础，是店内陈列的主要工作。陈列形态涉及陈列色彩的构成和设计，叠装、挂装、人体模型出样的陈列规范等内容。一个服装门店陈列色彩对消费者的影响很大，消费者通常首先注意到色彩，其次才是款式、织物等。店铺色彩的组合和搭配是一项艺术性的工作，需要在了解色彩基本常识的基础上，对色彩进行合理的组合和运用，使色彩尽可能地起到吸引消费者进店，营造良好购物氛围以及使陈列出彩的作用。除了色彩外，适宜的出样方法对于门店的陈列也显得至关重要，男士衬衣可以采用叠装出样，女装特别是时尚女装则大都挂装出样。现在，很多店铺都会运用人体模型出样以及几种出样方式相结合的方法，使卖场重点突出，整齐有序，同时又能彰显个性。

任务一　陈列构成原则

商品展示陈列是通过视觉来打动顾客的，陈列方式的优劣决定顾客对店铺的第一印象。使店铺整体看上去整齐、美观、视觉统一是服装陈列的基本思想。不同品牌的陈列构成原则和标准有一定的差异，但基本遵循以下原则。

一、整洁化

一尘不染的商品，熨烫得没有一丝皱褶的服装，是提高商品价值最好的方法，能够让顾客赏心悦目地购物是陈列最基本的原则。

二、容易观看

根据顾客的心理要求和购物习惯，同一品种或同一系列的商品应在同一区位展示。陈列的高度要适宜，易于顾客观看，提高商品的能见度和正面视觉效果，能够让顾客了解商品的特点、构成，能够更好地与其他商品做比较。如果没有这种容易看到的陈列，就不会引发购买行为。顾客希望在最短时间内找到所喜欢的商品，因此，卖场的商品陈列要一眼就能够掌握整个状态。

三、容易触摸

如果顾客没有用手拿起商品确认，没有用手去体验其质感，就不容易达成销售。商品陈列过多会给购物带来不便，陈列过少又会给顾客造成库存不足或商品是剩余的感觉，导致顾客不愿意去触摸，更不会产生购买的欲望。

四、容易购买

陈列需根据商品的特点分类展示，灵活选择展示部位、展示空间、展示位置和叠放方法等，使顾客对商品一目了然。服装、饰品属于选购商品，顾客在购买时希望有更多的选择机会，以便对其质量、款式、尺码、色彩、价格等进行比较。在陈列商品时要做到整齐有序、排列规律、货品齐全，使顾客可以迅速找到所需要的货品。

五、符合营销规律

店铺应有针对性地对陈列的商品进行排序。最畅销的商品排在最前面，接着排列次畅销的商品，以此类推，最后面摆放的商品也要有吸引力，这是为了使顾客能继续走到最后。同时为了提高收益，要考虑将高品质、高价位、收益较高的商品与畅销商品搭配销售，与关联商品陈列在一起，便于增加商品的连带销售。

六、强调品牌与个性

在陈列时应充分强调品牌特征，运用照明、背景、道具等造型方法和工具，形成独特的艺术语言、完美的艺术造型、和谐的色彩对比，从而准确有效地表现和突出陈列的主题，个性化的服装陈列对树立品牌形象，提高品牌的知名度和美誉度，保持稳定的消费群体等，都起着非常重要的作用。

任务二　陈列色彩构成

一、色彩的基本概念与分类

1. 原色、间色与复色

色彩分为有彩色与无彩色两大类。黑色与白色以及黑白相混而成的深浅不同的灰色，统称为无彩色，如图3-1所示。以红、橙、黄、绿、蓝、紫为基本色，按不同比例相混产生出的千千万万种色彩，统称为有彩色，如图3-2所示。

图3-1　无彩色

扫一扫，看微课

图3-2　有彩色

在阐述色彩时，首要涉及的是几个基本概念：原色、间色和复色。

所谓原色，指的是不能用其他任何单色混合而成的基本色彩，包括红、黄、蓝即三原色。所谓间色，指的是由两种原色相混合而得的色彩，如橙、绿、紫。所谓复色指的是由两间色相混合而得的色彩。

三原色不能由其他色彩混合而成。相反，其他颜色则是由三原色相互混合而成，但三原色等量混合在一起，就成了灰色。

将原色和它旁边的间色等量混合，形成第三次色。标准的色轮就是由原色、间色和第三次色所组成的。将相邻两色或任何两种原色以不同比例混合，可得到无数的颜色层，次色轮只是展现最基本的颜色（图3-3）。

2. **色彩的属性**

颜色的三属性分别为色相、明度和纯度。色彩学家用这三种属性来描述色彩。它们是独立存在的，即使一个发生变化，其他两个也不会变。

（1）色相。色相即色彩的相貌。太阳光通过三棱镜后会出现从红到蓝紫（红—黄—绿—蓝—蓝紫）的光谱，这当中有很多颜色，不过没有紫和紫红，紫和紫红是把光谱两端的红和蓝紫混合而成的。在光谱中加入紫和紫红色，让色相具有循环性，形成色相环（图3-4）。为了便于记忆和使用色彩，色彩学家给每个颜色都冠以一个名称，叫色相名。如红、黄、蓝都是色彩的色相名。

（2）明度。明度是指色彩的明暗程度。反射率高的物体明亮，反射率低的物体深暗。色彩中比较亮的称为高明度色，比较暗的称为低明度色，介于中间的称为中明度色。显而易见，白色明度最高，黑色明度最低（图3-5）。

（3）纯度。纯度即色彩的鲜艳程度，也称彩度、饱和度。如果一种色彩加黑、白、灰来调和，纯度会降低，颜色不再鲜艳。完全不加黑、白、灰的色彩，称为纯色。纯度和明度一样，在程度上也分为高、中、低三个阶段。无彩色黑、白、灰没有纯度，只有明度。

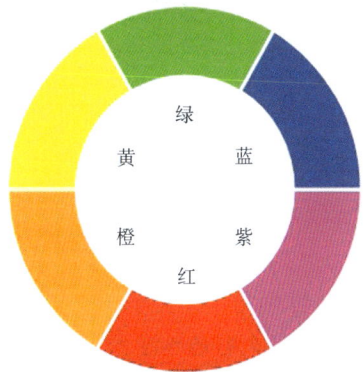

图3-3 色轮

图3-4 24色相环

高 ◄—— 明度 ——► 低

图3-5 明度

☞ **知识链接：PCCS**

PCCS 是日本色彩研究所于1964年发表的色彩表色系，正式名称为实用色彩配色体系（Practical Color Co-ordinate System, PCCS）。PCCS 是以色彩调和为目的的色彩体系。明度和纯度在这里结合成为色调，PCCS 是用色调和色相这两个系统来表示色彩调和的基本色彩体系。

色觉基础的主要颜色有红、黄、绿、蓝4种色相（又称心理四原色），PCCS以这四色相的色彩为基础组成了色相环的结构，然后将这4种色相的心理补色配置到其相对的位置。心理补色是根据人类眼睛的补色诱发现象而产生的，又称反对色。在上述8个色相中，等距离地插入4种色相，成为12种色相，再将这12种色相进一步分割，成为24种色相。

色相采用1～24的色相符号加上色相名称来表示。把正色的色相名称用英文开头的大写字母表示，把带修饰语的色相名称用英语开头的小写字母表示。例如，1：pR（紫调红或泛紫的红）、2：R（红）、3：yR（黄调红或泛黄的红）。

PCCS色彩体系把物体的表面色彩整理为色相和色调两种系列。为了寻求色调的基准，又独立设立了明度和纯度的基准。

二、色彩的感情和联想

我们生活在色彩丰富的空间，多数颜色都是我们无意识地感知到的，也有一部分是在特定的情况下意识到的，因此色彩具有联想与象征的效果。色彩首先由我们的眼睛进入，通过眼睛接收到的信息传递给大脑，再通过大脑色彩便触及内心深处，可以说色彩是使人心动的元素之一。

色彩的感情和联想，主要反映在日常生活的经验、习惯、环境等方面。地域、民族、年龄、性别的差异会导致人们对色彩的感情认识不同，但一般来说，色彩感情联想是有共性的。

1. 色彩的冷暖感

按照色彩给人的冷暖感来分类，可以将颜色分成冷色、暖色和中性色（图3-6）。冷色指的是给人感觉寒冷、凉快的颜色，如绿色、蓝色、紫色。暖色指的是给人感觉温暖的颜色，如红色、橙色、黄色。中性色指的是给人冷暖感觉区别不大的颜色，如黑色、白色、灰色。

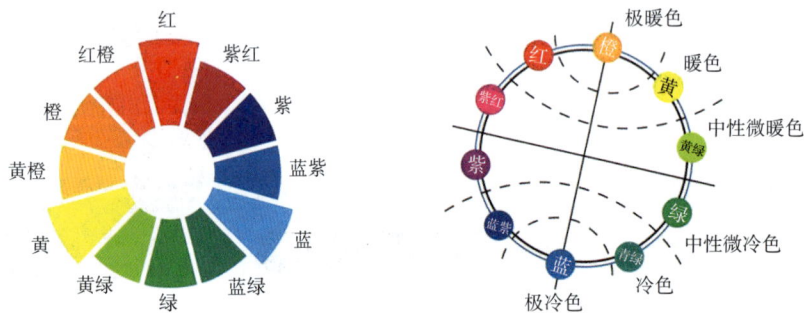

图3-6 色彩的冷暖

2. 色彩的轻重感

色彩的轻重感由明度上的对比决定。明度越高，色彩的轻重感越轻，明度越低，色彩的轻重感就越重（图3-7）。

3. 色彩的远近感

色彩的远近感由纯度决定。纯度高的近，纯度低的远（图3-8）。

4. 色彩的性格

不同的色彩代表不同的性格，除了冷暖外，还包括其他一些感受。色彩代表的具体内容如表3-1所示。

图3-7 色彩的轻重对比

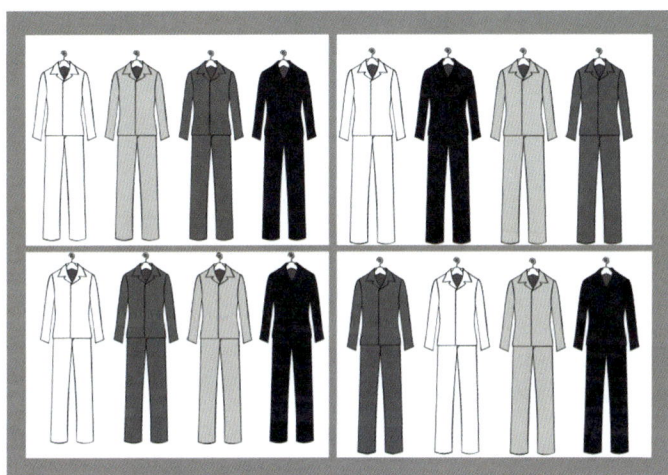

图3-8 不同色彩搭配带来的不同远近感

表3-1 色彩的不同性格

色彩的性格	色彩的特征
色彩的冷与暖	主要取决于色相。暖色：红、橙、黄橙、黄；冷色：蓝绿、蓝、蓝紫；中性色：黑、白、灰
色彩的轻与重	主要取决于明度。感觉轻的颜色：明亮的颜色；感觉重的颜色：黑暗的颜色
色彩的软与硬	主要取决于明度。感觉软的颜色：明亮的颜色；感觉硬的颜色：黑暗的颜色
色彩的兴奋与沉静	与色相、明度、彩度有关系。兴奋色：暖色系中明亮而清澈的颜色；沉静色：冷色系中黑暗而浊的颜色
色彩的华丽与质朴	主要受纯度影响。华丽的颜色：鲜艳的颜色；质朴的颜色：暗而浊的颜色
色彩的膨胀与收缩	与色相、明度、纯度有关系。膨胀色：暖色系中高明度、高纯度的颜色，如白色；收缩色：冷色系中低明度、低纯度的颜色，如黑色
色彩的前进与后退	与色相、明度、纯度有关系。前进色：暖色系中高明度、高纯度的颜色；后退色：冷色系中低明度、低纯度的颜色

三、色彩搭配

所有物体都是有形状有色彩的。色彩与形状通过材质的平衡搭配能够使物体达到最美的效果。两种色彩或两种以上的一组色彩为达到一项共同的表现目的而互相产生的秩序、统一与和谐的现象，称为调和。色彩与色彩之间的关系就像人与人的关系一样，既可独立存在，又有关联性。

1. 配色、色彩调和

所谓配色，即通过色与色的组合产生新的效果。色彩调和与能否让看到配色的人感到"美丽"有很大关系。明确配色的方向性至关重要，而方向性取决于想要达到什么配色的目的。虽然配色是追求色彩组合的美感，但是成功与否还与配色目的是否明确有着密切的关系。

目前，色彩调和的方式有"统一"与"变化"两大类别。所谓"统一"即以相似的色彩组合为方向，在色彩空间中选择相近的颜色达到统一的效果，从而得到稳定而统一的感觉。所谓"变化"即以感觉差异大的色彩组合为方向，在色彩空间中选择距离远的颜色达到变化的效果，从而达到一定的对比效果。

2. 色相配色

（1）同一色相配色。同一色相配色是指相同色相之间的组合，同一色相的色相差为0。色相相同，存在共通性，统一性强的组合。一般能够营造稳健、上品的配色效果，但同时也缺乏变化，容易产生单调的感觉。除了无彩色之间的组合外，有彩色与无彩色的组合也可称为同一色相配色。

（2）邻接色相配色。色相环上邻近色相的组合叫作邻接色相配色，邻接色的色相差为1。配色印象与同一色相配色的效果相似。

（3）类似色相配色。类似色相的组合叫作类似色相配色。类似色的色相差为2～3。由于色相相近，能表现共同的配色印象。这种配色在色相上既有共性又有变化，是很容易取得配色平衡的手法。

（4）中差色相配色。略微有差别的色相组合叫作中差色相配色，中差色相的色相差为4～7。中差色相配色的对比效果既明快又不冲突，容易营造出东方氛围的配色效果。

（5）对照色相配色。色相环上相对位置的色相组合叫作对照色相配色，对照色的色相差为8～10。对照色相配色存在变化性，色彩性质比较强，所以经常在色调上或面积上用以取得色彩的平衡。

（6）补色色相配色。补色色相的组合叫作补色色相配色，补色的色相差为11～12。与对照色配色相比，人工效果更加强烈，使用时应注意面积的比例，否则太过冲突。

3. 色调配色

（1）同一色调配色。同一色调配色是将相同色调的不同色相搭配在一起的一种配色关系。同一色调的色相、色彩的纯度、明度具有共同性，明度按照色相略有变化。不同色调会产生不同的色彩印象，将纯色调全部放在一起，会产生活泼感，因此婴儿服饰和玩具都以同一色调为主。

（2）类似色调配色。类似色调配色即将色调图中相邻或接近的两个或两个以上色调搭配在一起的配色。类似色调配色的特征在于色调与色调之间有微妙的差异，较同一色调有变化，不会产生呆滞感，有统一感中存在变化的效果。

（3）对照色调配色。对照色调配色是相隔较远的两个或两个以上的色调搭配在一起的配色。明暗对照与彩度对照都可以达到对照色调配色的效果，对照色调能产生鲜明的视觉对比，能产生对比调和感。

4. 色彩搭配原则

在服装店铺的色彩设计和搭配中，有序的色彩主题会给整个店铺主题鲜明、井然有序的视觉效果和强烈的冲击力。通常来讲，在店铺的色彩搭配上，可以遵循以下八个原则。

（1）单色色块同印花色块相间隔，方便顾客区分产品。

（2）暗色与亮色相结合，突出重点产品。

（3）采用对比色和渐进色的手法创造视觉冲击力。

（4）要有主色调，要么暖色调，要么冷色调，不要平均对待各色，这样更容易产生美感。

（5）暖色系与黑调和，冷色系与白调和。

（6）黑、白、灰、金、银为无彩色，能和一切颜色相配。

（7）每一个展区的颜色应当与相邻展区颜色匹配，这样使整个商店充满和谐的氛围。

（8）在每个展区应当陈列不超过两种色调，而且它们应当是协调的陈列。

四、色彩组合

色彩是视觉形象中最重要的因素，它既有很强的象征性，又能表达丰富的情感，在不知不觉中影响着人的精神、情绪和行为。人们对于色彩的反应，一方面是生理原因，另一方面是心理原因，即受文化和习俗的影响。

为刺激顾客的购买欲望，服装卖场经营者应在卖场内运用各种色彩。不同的颜色使人产生不同的感觉，如红色象征热情、大胆、泼辣，是进取性和积极的色彩，给人以"热烈"的印象；紫色象征优雅、高贵，以它作为主色将显得时髦、漂亮；粉红色是人们在有要求的时候所喜欢的色彩，称为"愿望色"。此外，色彩的冷暖感能产生前进和后退之感，暖色（红、橙、茶、黄）是前进的色彩，冷色（青、绿、紫）是后退的色彩。

在色彩的运用和组合上，需要注意以下两个方面：一是协调性。人的眼睛对中等的灰色感觉最合适，因此，色彩搭配的协调性是产生美感的基础。二是流行性。每个季节，大自然都在变换着它的色彩，而色彩的流行同样富于变化而且更加迅速。

👉 知识链接：用植物染出"红、黄、蓝"
· ·

我国拥有丰富的天然染料植物资源，关于使用天然染料的文字记录比国外早了上千年，大家熟知的"草木染"其实就是古代对于植物染色的称呼。植物可以染出很多颜色，比如基本色中的"红、黄、蓝"三色就可以通过不同的植物来染制。

染"红"植物

红色在中国具有非常特殊的色彩审美寓意，是中华文明长河中不可磨灭的存在。

茜草：茜草是茜草科多年生草本植物，又名血见愁、拉拉秧、小血藤等。据史料记载，茜草是人类最早使用的红色染料原料，商周时期已经开始使用茜草染色。茜草用于染色的部位是根部，主要色素成分为"茜素"，萃取出的红色是暗土红色，长沙的马王堆一号汉墓出土的纺织品中，就有利用到茜草染色技术。

红花：红花是菊科红花属一年生草本植物，又名红蓝花、刺红花。与茜草不同的是，红花可直接染色且工艺简单，有诗云："红花颜色掩千花，任是猩猩血未加。"由此可知，红花染出的颜色不止一种红，而是非常丰富的色系。除了染制丝织品和纸张，红花还常用于制作胭脂、唇妆等化妆品，也是榨油、食用、药用的原料。关于红花的染色方法，古籍中有诸多记载。当红花的花瓣根部由黄变红时就可以采摘了，《齐民要术》中记载："花出，欲日日乘凉摘取。摘必须尽。"为了保存、运输、买卖和使用，采摘的红花一般会加工成"干红花"或"红花饼"，染色时需要把红花中含有的黄色素去除，制作成"红花饼"可以极大缩减红花体积和重量，还能够提高红色素比率。

苏木：苏木是豆科云实属小乔木，李时珍的《本草纲目》有记载："海岛有苏方国，其地产此木，故名。"苏木早在西晋时期就已经作为中国普遍的红色植物染料，也称为苏方、苏方木、苏枋。苏木与其他红色植物染料相比，上色效果好、价格低廉又无须预先提取红色素，因此染色技术简便易学，是进行植物染料开发研究首先需要考虑的色彩。苏木是我国古代胭脂的常见原料，现在也广泛应用于食品色素加工。除了直接染色外，苏木和其他植物染料进行套染还可以得到一些其他色系的色彩。

染"黄"植物

古代的五色源于五行，由金、木、水、火、土而形成青、赤、黄、白、黑五方正色。《诗经》中有记载："载玄载黄，我朱孔阳，为公子裳。"从中可以看出，当时身份地位尊贵的人多着玄色和黄色。在古代，黄色为五正色之首。

姜黄：姜黄是姜科姜黄属多年生草本植物，又名郁金、宝鼎香、黄姜等。姜黄用于染色的部位是干的根茎，内含姜黄素，可以直接染色得到黄色织物，也可加入媒染剂染出明度不同的黄色。姜黄是天然黄色染料中最有名、最鲜艳的染料之一，染色工艺简单，同时还具有抗菌、抗癌等特殊功能。

槐：槐是豆科落叶乔木，其花朵（槐花）或者干燥花蕾（槐米）可以用来染色。槐花中用于染色的成分是芸香式，能直接染色，也能和多种媒染剂作用染出不同的色彩，例如，以青矾做媒染剂时，就能染出油绿色。槐花未开放时，黄色素含量丰富，正如《本草纲目》中所记载"槐花未开时状如米粒，采取曝干、炒过、煎水染黄甚鲜。"槐米除可直接染黄外，还可"槐蓝如槐，染青。"即与靛蓝套染而成青、绿色系列，即天青色、葡萄青色、豆绿色等。

栀子：栀子是茜草科栀子属常绿灌木，俗名黄栀子、山栀子等。成熟果实呈黄红色，含有藏花素、藏红花酸、栀子黄素等酮类物质，可以用作染料，也是品质优良的天然食物色素。是秦汉之前使用最广泛的黄色颜料。《汉官仪》中记载："染园出栀、茜，供染御服。"说明汉代帝王的龙袍以及常服中的黄色面料就是用栀子染就而成的。

染"蓝"植物

"蓝"不但可以代表"蓝色",也是制造靛蓝染料的多种植物的统称,古代也称为蓝草。"青,取之于蓝,而青于蓝"说的就是青色取自于蓝草,但是色泽更胜。《天工开物》中有记载,用于染蓝色的蓝草又可细分为蓼蓝、菘蓝、马蓝等,其叶片中含有能够氧化变为靛蓝的前驱物质"靛甙"。长沙马王堆一号汉墓出土的蓝色织物则表明我国在汉朝时期的染蓝技术就已经成熟。

蓼蓝:蓼蓝是蓼科蓼属一年生草本植物,又叫大青。蓼蓝叶可供药用,清热解毒,也可加工制成靛青,作染料。最早的农事历书《夏小正》中有记载"五月,启灌蓝蓼",这表明先秦时期已有蓼蓝的人工种植。公元3世纪左右,我国蓼蓝传入日本种植。

木蓝:木蓝是豆科木蓝属多年生灌木,在中国古代称为槐蓝、大蓝、水蓝、小青等。和其他染蓝植物一样,木蓝的叶子可供提取蓝靛染料,同时也能入药。古埃及墓室、秘鲁印加墓地发现的古老服装中,能够看到木蓝作为染料植物使用的痕迹。

板蓝:板蓝古籍也称马蓝,是爵床科马蓝属多年生草本。其叶子除了染色外,还具有清火退热,凉血解毒的功效。"板蓝"和常见药物"板蓝根"二者并无关系,板蓝根是另外一种常用染蓝植物"菘蓝"的干燥根。随着社会发展,染蓝技术也在不断进步,从西汉到清代,与蓝色有关的色谱从青色调两种变为青、蓝色调共九种。"青黛画眉红锦靴,道字不正娇唱歌。"李白的《对酒》道出了大家熟知的古代画眉用品"青黛",是将蓝草叶子加工成靛蓝的过程中获得的一种副产物。

任务三 陈列形态构成及规范

一、陈列形态构成的原则

陈列的形态组合要考虑美学、管理和营销等诸多因素。不同服装品牌的陈列形态规范和标准可能有一些差别,但基本上应遵循以下五个原则。

1. 体现秩序感

在品牌竞争白热化的今天,品牌终端的形象至关重要,因此品牌店铺的整洁有序是吸引顾客进店最基础的原则。没有一个顾客愿意在一个杂乱无章的卖场中停留,因此,卖场中的货品,首先要打理得整整齐齐,货品要分类放置,排列要有次序和规律,整个卖场要保持一致的货品尺寸顺序,使顾客可以迅速寻找到所需要的尺码。侧挂时,采用从左到右,由小到大的原则;层板上的叠装,遵循从上到下,由小到大的原则,这也是从顾客视觉的次序性和购物的便捷性来考虑的。

2. 整体中体现层次感

卖场陈列的各个区域相对于不同的货架有不同的陈列形态,但是卖场中每个货品的形态和造型一定要与卖场整体的布局和效果相配,符合整体的视觉构成美感,否则单独突出的陈列形态,虽然局部效果很好,但从整个卖场看却十分烦琐、缺乏整体感,这样的陈列形态是不可取的。

3. 体现美感

体现货品的美感是陈列形态构成很重要的一点，把货品本身的美感及品质感通过陈列体现出来至关重要。因此不论哪种陈列形式，其最重要的一点就是要能体现美感，让消费者认同，符合大众的审美眼光。只有美的陈列才能使商品增值，体现商品的价值，甚至能营造出大于货品本身价值的陈列氛围。

4. 符合品牌的风格

陈列的造型必须和品牌的风格相吻合。一味地追求造型美而无视品牌的风格，这样的陈列造型是失败的。不符合品牌风格的造型陈列，不但不会对店铺销售起到促进作用，反而会造成顾客对品牌形象的错误认识，不利于品牌的长期发展。

5. 方便进行销售活动

陈列形式的最终目的是促进销售，因此在进行商品陈列形态构成时一定要符合"易观看""易触摸""易购买"的三易原则。例如，在人体模型出样的旁边一定要有相对应款式的侧挂，以方便顾客拿去、试穿。

二、陈列形态构成

形态是指事物的表现状态或者形状，服装陈列的形态构成就是服装在卖场中呈现的造型方式。卖场的货品摆放形式主要有叠装陈列、挂装陈列、平面摆放、人体模型展示等。陈列形态很少是单一的摆放形式，一般是至少两种以上的摆放形式搭配使用。

三、叠装陈列及规范

叠装就是把商品折叠后的陈列。叠装陈列可以提高卖场的存储商品量，叠装陈列适合用于T恤衫、正装衬衫、牛仔裤、毛衫等比较常规的款式品种，陈列时只需把设计重点的部分展示出来即可。

1. 叠装陈列的基本规范

（1）同季、同类、同系列产品陈列在同一区域。

（2）陈列的商品拆去包装，同款同色薄装4件、厚装3件一叠摆放（机织类衬衣领口可上下交错摆放）。

（3）若缺货或断色，可找不同款式但同系列且颜色相近的服装垫底。

（4）每叠服装折叠尺寸要相同，可利用折衣板辅助，折衣板参考尺寸为27cm×33cm。

（5）上衣折叠后长宽建议比例为1∶1.3。

（6）折叠陈列同款、同色的服装，从上到下的尺码从小至大。

（7）上装胸前有标志的，应显露出来；有图案的，要将图案展示出来，从上至下应整齐相连。

（8）下装经折叠后应该展示后袋、腰部、胯部等部位的工艺细节。

（9）叠装有效陈列高度60～180cm，60cm以下叠放以储藏为主。尤其避免在店铺的死角或暗角展示、陈列深色调的服装，可频繁改变服装的展示位置，以免造成滞销，如图3-9所示。

（10）每叠服装间距10～13cm（至少一个拳头的距离）。

（11）层板之间陈列商品，需要保留1/3空间。

（12）在叠装服饰就近位置设置相关的挂装展示及海报配合，或设置全身或半身人体模型展示其中具有代表性款式及组合搭配效果，如图3-10所示。

图3-9　叠装颜色搭配实例

图3-10　叠装附近搭配挂装展示

（13）避免滞销货品的单一叠装展示。应考虑在就近位搭配重复货品的挂装展示。

（14）过季产品应设置独立展示区域，同时配置明确海报。不得将过季和减价货品与全价应季品叠装混杂陈列。

（15）折叠后的商品吊牌应藏于衣内，如图3-11所示。

2. **叠装组合色彩规律**

叠装组合的色彩通常采用从暖色到冷色（图3-12）、从浅到深的排列（图3-13）规律。

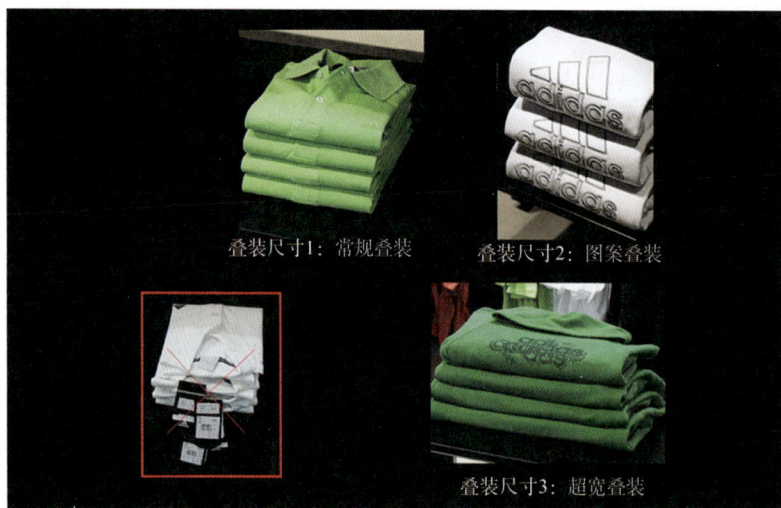

图3-11　叠装规范

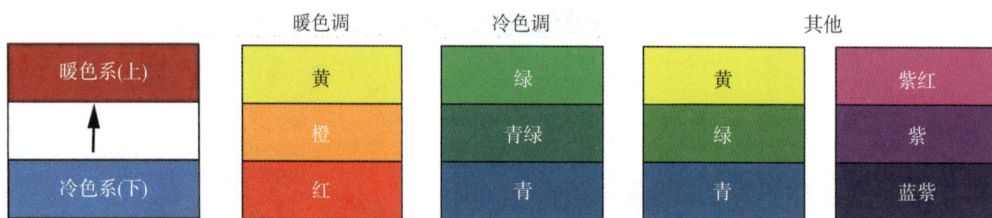

图3-12　叠装色彩组合规律一：由暖色到冷色

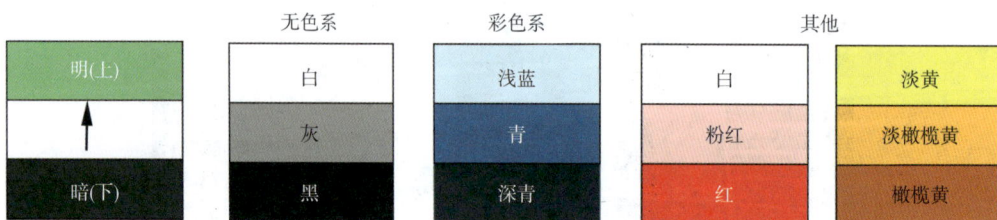

图3-13　叠装色彩组合规律二：由浅到深

3. 常见组合效果

（1）叠装的色块渐变序列应依据顾客流向，自外场向内场由浅至深。

（2）展示时要有色块间隔，通常有渐变、对比两种方式，如图3-14所示。渐变的方式分为两种：横向渐变和纵向渐变。对比可分为四种，其中，可以采用对角线对比的形式，也可采用韵律、节奏的方式，或者在某一种色彩的包围中突出一种颜色的方式。

渐变的方式让人感觉有一个色彩的过渡和渐进的过程（图3-15）；间隔的方式让顾客感觉色彩比较丰富（图3-16）。

卖场叠装色彩搭配实例如图3-17所示。

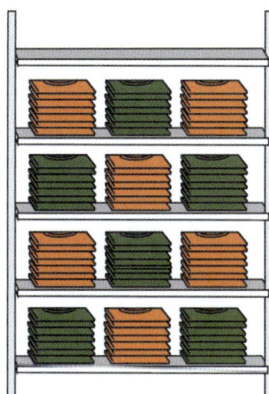

图3-14 叠装色块间隔方式

横向渐变　　　　　　　　　　对角线对比

纵向渐变　　　　　韵律·节奏对比　　　　突出对比

图3-15 渐变叠装示范　　　　图3-16 间隔叠装示范　　　　图3-17 卖场叠装色彩搭配实例

4. 叠装辅助道具

叠装陈列通常会用到一些辅助道具，主要有叠衣板、衬衣板、大头针、衬垫纸等。

四、挂放陈列及规范

挂放是最常见的陈列方式，挂放避免挤压造成的皱褶，使服装平整，适合于各种类型的服装。挂放又分为正挂、侧挂、单挂和组合挂的类型。

1. 正挂陈列

（1）正挂方式。正挂是将衣服的正面朝前，可以看到服装的正面完整效果，适合展示服装的款式、装饰特点，视觉效果突出，但是占用展示面空间较大（图3-18）。正挂展示一件服装通常要做搭配式展示，以强调本商品的风格，吸引顾客购买。

（2）正挂的陈列规范：

①避免滞销货品单一挂装展示，可适当搭配陪衬品以形成趣味和卖点联想，并显示出搭配格调。

②设置过季产品独立区域，并配置明确标志。

③套头式罗纹领针织服装，衣架要从下摆口进，避免领口被抻拉变形。

图3-18 正挂实例图

④一件服装展示通常要进行搭配陈列，如果同一挂杆展示多款商品时应该先挂短的款式，后挂长的款式。

⑤上下装组合搭配陈列时，上下装套接位置要到位；如有上下平行的两排正挂，通常上衣挂上排，下装挂下排。

⑥衣架挂钩遵循问号原则（顾客主运动线观察衣钩缺口向内或向左）。

⑦商品吊牌应藏于衣内。

⑧服装排列从前到后，应用3件或6件进行出样，尺寸从小到大。

正挂出样实例如图3-19所示。

图3-19 唐狮门店正挂出样实例

2. 侧挂陈列

（1）侧挂方式。侧挂就是将服装侧向挂在货架横杆上的陈列形式，是一种比较常用的挂放方式（图3-20）。侧挂的特点是占用空间小，出样率大，但是侧挂不能直接展示服装的款式和细节，所以适合与其他展示形式结合使用。

图3-20 之禾（ICICLE）门店侧挂出样图

（2）侧挂的陈列规范：

①挂件应保持整洁，无折痕。

②纽扣、拉链、腰带等尽量陈列到位。

③掌握问号原则：挂钩一律朝里，如图3-21、图3-22所示。

图3-21 侧挂的问号原则示例

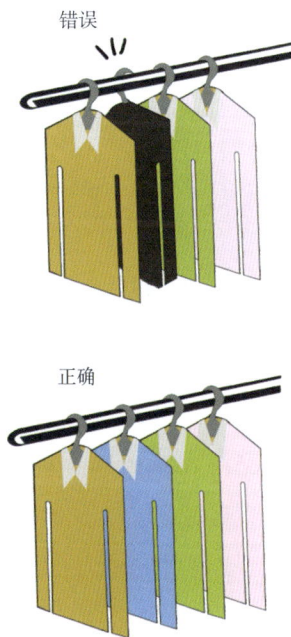

图3-22 侧挂错误、正确示范

④挂装展示，商品距地面不少于15cm，如图3-23所示。

图3-23　侧挂距离地面不少于15cm

⑤同款、同色产品同时连续挂2～4件，挂装遵循从左至右，尺寸从小至大；自外向内，尺寸由小至大的原则，如图3-24所示。

⑥侧挂不能太空，也不能太挤，建议每件挂钩间距3cm，如图3-25所示。

⑦裤装采用M式侧夹或开放式夹法，侧夹时裤子的正面一定要向前，如图3-26所示。

⑧套装搭配衬衣展示时，裤装一般侧面夹挂。

⑨侧挂陈列区域的就近位置，应摆放人体模型展示或正挂陈列侧挂服装中有代表性的款式或其组合，同时需注意配置宣传海报。

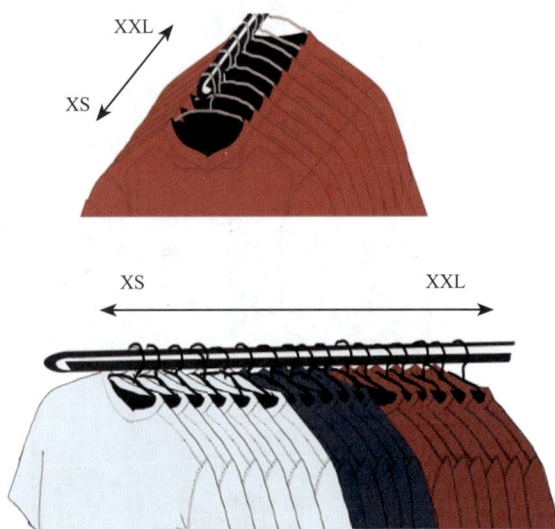

图3-24　尺寸侧挂示范

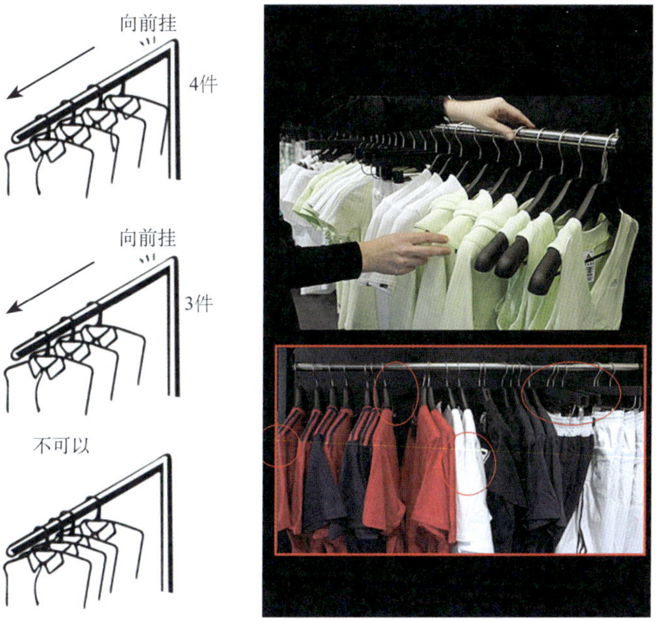

图3-25　侧挂的正确与错误示例

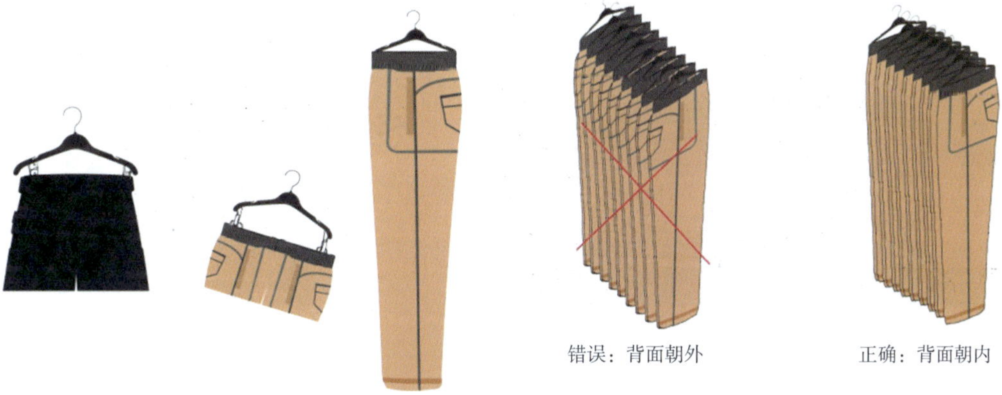

图3-26　下装侧挂示范

⑩商品上的吊牌等物藏于衣内。

（3）侧挂的细节处理：

①用于陈列的货品（小配件除外）一律拆除包装袋，并保持货品干净整洁。

②陈列的小配饰要把印有英文Logo的图案正面展示给顾客。

③货量丰满，规格齐全。

④挂装出样的货品应熨烫平整，且出样整齐大方。

⑤侧挂最后一件服装时最好转90°角正挂，使之正面朝向顾客。

⑥挂杆上的货品要便于顾客搭配。

⑦一根挂杆上服装的颜色最好不要超过三种。

3. 侧挂的排列规律

如图3-27所示为四种色彩搭配模式，可以采用3+4、4+2、2+3以及3+3的模式，通过颜色的间隔让侧挂呈现出多彩的搭配，营造出更具吸引力的卖场陈列场景，如图3-28、图3-29所示。除此之外，还可以运用上下装的差别做变化。

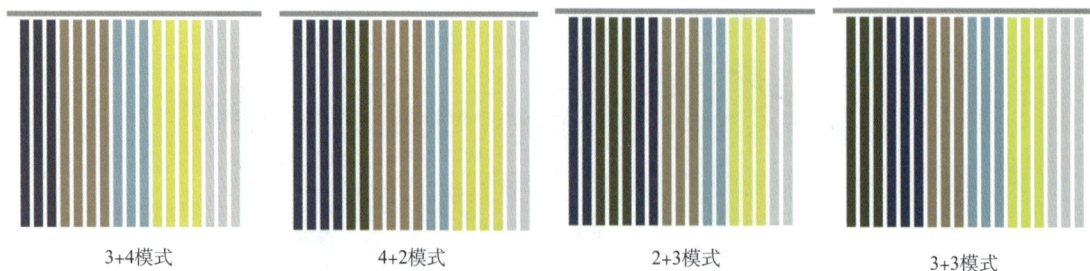

| 3+4模式 | 4+2模式 | 2+3模式 | 3+3模式 |

图3-27　侧挂色彩搭配模式

图3-28　卖场侧挂实例

图3-29　间隔式侧挂实例

4. 正挂、侧挂、叠装组合陈列

卖场中正挂、侧挂、叠装三种方式组合陈列实例如图3-30～图3-32所示。

（1）挂装陈列色彩规律。正面挂装色彩渐变从外向内、从前向后、由浅至深；水平方向及侧挂色彩依据顾客流动走向，由浅至深（图3-33、图3-34）。单个挂杆上色彩可采用渐变或间隔（琴键）式排列。

挂杆陈列除了考虑颜色外，还需考虑商品款式的长短问题，陈列出节奏感，如图3-35所示，看起来像琴键一样，很有节奏韵律感。

卖场挂装色彩搭配实例如图3-36所示。

（2）挂装陈列辅助道具：

①卡子：卡子的主要作用是卡吊牌、卡衣服。

②大头针：大头针用于衣服造型：如别衣襟、别袖子等，如图3-37所示。

图3-30　卖场组合陈列实例（1）

图3-31　卖场组合陈列实例（2）

图3-32　卖场组合陈列实例（3）

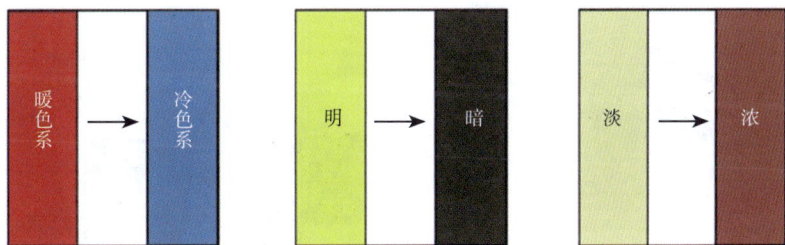

图3-33　挂装色彩搭配规律

暖色系 ——→ 冷色系

图3-34 挂装色彩搭配由暖到冷示例

图3-35 商品款式陈列韵律

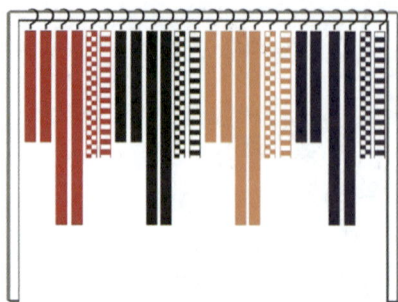

图3-36 卖场挂装色彩搭配实例

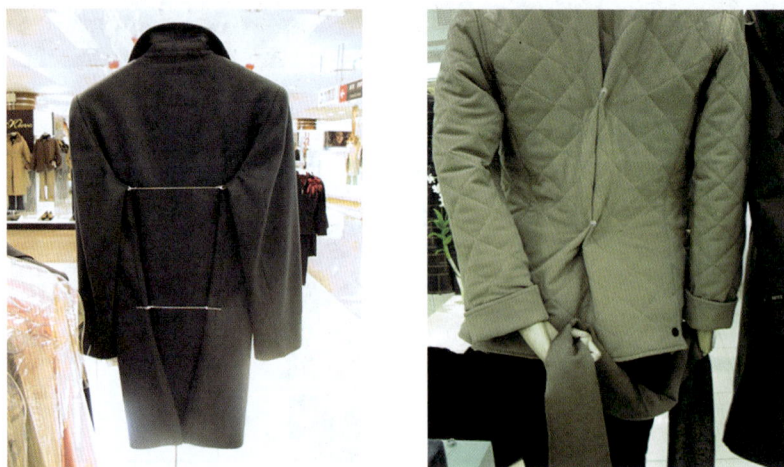

图3-37 卡子、大头针使用实例

五、平面展示

平面展示有两种情况：一是展示包装状态，以包装形态进行展示，考虑的因素为包装的样式、颜色、特点和排列方式等；二是将服装展开摆放在展示台平面上，主要考虑服装的款式和装饰细节。

平面展示要考虑服装搭配的整体性，内外上下的穿着规律，要把设计重点展示出来（图3-38）。

图3-38　卖场平面展示实例

六、人体模型展示

人体模型展示主要展现服装的整体搭配组合，反映当季时尚流行信息或品牌最新产品信息。

如图3-39所示，人体模型展示一般会根据品牌的风格特点选择适合的人体模型风格，在展示时往往对人体模型进行一些动态的排布，让人体模型组合形成一定的情景。

1.　**人体模型陈列要点**

（1）表现的是卖场的新款货品或推广货品，要注意其关联性。

（2）组合人体模型风格要一致，除了特殊设计，人体模型上下身都不能裸露。

（3）服装选用最合适的尺码，忌过大或过小。

（4）人体模型着装的颜色应有主色调，搭配多用对比色系陈列，用色要大胆，但要注意细节。

（5）可以夸张一点，以吸引顾客的注意。为避免款式、颜色过于单调或污损商品，展示服装要定期更换。

图3-39　橱窗人体模型展示实例

（6）多应用与主题相关的配饰品，加强表现的效果，也可促进附加销售。

（7）人体模型身上不能外露任何吊牌或尺码，部分促销或减价商品除外。

（8）商品在穿着之前须熨烫；要模仿人真实的穿着状态，在穿着之后要整理肩、袖以及裤子，必要时用别针、拷贝纸做陈列效果，使表现的主题更为鲜明，更具生活气息。

如图3-40所示，为富有生活气息的人体模型展示方法，这是近几年人体模型展示的重要风格特征。芬迪（FENDI）的橱窗喜欢用两个人体模型形成互动感，在道具和商品的选择上比较单一，简约的同时突出商品主体。浪凡（LANVIN）近几年的橱窗设计中，人体模型浑身都是"戏"，一个人体模型掌控全场，故事性很强，这也成为浪凡品牌橱窗一个很重要的亮点。

图3-40　富有生活气息的人体模型展示

2. 人体模型色彩陈列的方法

（1）十字交叉法。运用十字交叉法能够感受到色彩的变化。

（2）平行组合搭配。平行组合搭配是一种很有稳重感的搭配方法。

（3）两个人体模型有一处共用色的搭配。两个人体模型有一处共用色的方法能带给人统一感。

以上三种方法如图3-41所示。

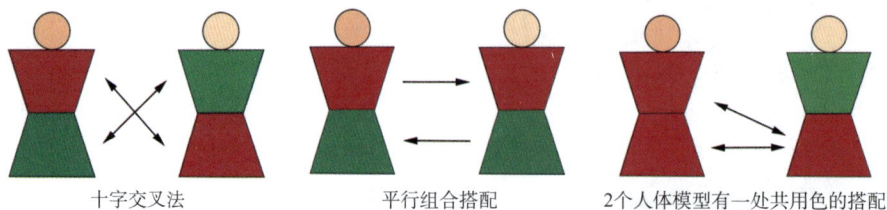

十字交叉法　　　　平行组合搭配　　　2个人体模型有一处共用色的搭配

图3-41　人体模型色彩陈列方法

图3-42所示是三种人体模型色彩陈列的店铺实例。

十字交叉法

平行组合搭配

多个人体模型有一处共用色的搭配

图3-42 人体模型色彩陈列实例

七、饰品陈列

1. 饰品陈列特点

配饰商品的特点是体积小，款式多，花色也相对比较多。在陈列的时候要强调其整体性和序列性。陈列时可以和服装组合陈列，也可以单独陈列。

2. 饰品陈列要点

（1）在卖场中单独开辟饰品区进行展示，可安排在收银台旁边或更衣室附近，方便顾客连带购买。

（2）重复陈列可以产生强烈的视觉冲击力。

（3）与人体模型和正挂服装搭配陈列，丰富系列与空间。

（4）饰品分类陈列强调整体性，化繁为简。

（5）包、帽内应放上填充物，使其完全展示出它的形状，包带放在背面不外露，吊牌不外露。

如图3-43所示为饰品陈列实例，四幅图给人的感受有很大的差别。图3-43（1）将饰品陈列在墙上隔出来的陈列柜里，给人感觉物品比较高档；图3-43（2）中，包、手套等饰品放在中岛，给人感觉比较醒目，对消费者的吸引力较强；图3-43（3）和图3-43（4）将饰品与服装搭配陈列，两者相辅相成，展示互相搭配的效果。

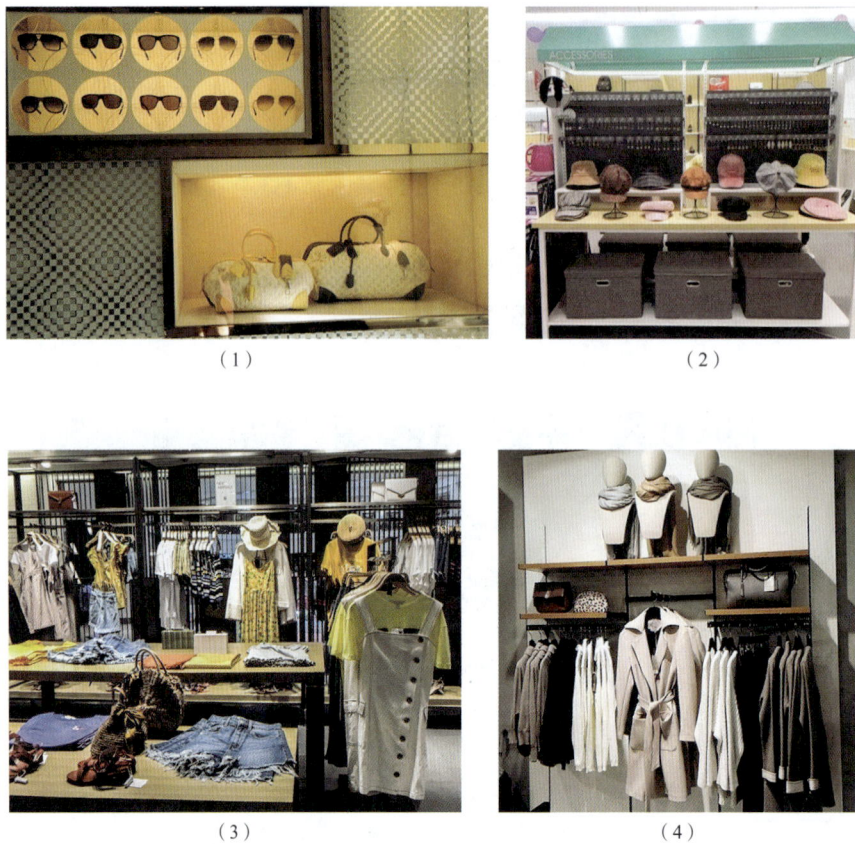

（1）

（2）

（3）

（4）

图3-43　服装店饰品陈列实例

3. 与人体模型搭配

如图3-44所示人体模型与饰品组合实例中，饰品通过人体模型穿戴的方式展示，更加形象地突出了饰品的特征，强化了饰品的功能性，比单纯的饰品陈列更具感染力。

图3-44　人体模型与饰品组合实例

4. 饰品陈列辅助道具

饰品陈列通常要用到的辅助道具是大头针、填充物和专用支架等。

八、挂杆陈列

1. 陈列方向

（1）挂杆陈列，挂杆上所挂服装的正面应与主通道线上顾客的视线正面迎望。

（2）人体模型旁边的挂杆，其上所挂服装的正面应与人体模型的视线方向一致（图3-45）。

（3）人体模型与挂杆一起设置陈列时，即便是前后都有通道的卖场，其后面商品陈列的方向也要与人体模型的视线一致，但最后一件服装应朝向后面的通道。

2. 陈列数量

如图3-46所示，陈列女性正装时，挂杆长度1.2m，均匀悬挂14~15件时的状态；堆挂在一起时，要空出整个衣架2/3左右的空间。

图3-45　挂杆上服装陈列方向与人体模型的视线一致

图3-46　均匀悬挂时的状态

3. 挂杆高度

挂杆因其种类和大小而有所差异，定位挂件商品状态的高度标准，也会影响卖场的气氛和商店的形象。

上衣：挂杆高为110cm，从地板到商品的距离为20~30cm为恰当。

上衣+下装：挂杆高为160cm，从地面到商品的距离为40~50cm为宜，同时，不同图案的上衣和下装分别陈列。

裤子：裤架高为130cm，从地面到商品的距离为20cm左右。

裙子：裙架高为80cm，从地面到商品的距离至少10cm（图3-47）。

在一个挂杆上用色彩对比陈列时，最好不要超过两种颜色，这样才能以相互鲜明的对比传达明确的形象（图3-48）。

图3-47　裙装的挂杆高度

图3-48　挂杆陈列色彩搭配

☞ **课外拓展**

> **实训项目：服装陈列形态构成练习**
>
> **任务解析**
>
> （1）实训目的：通过实际训练，让学生掌握服装陈列形态的相关知识和技能，并能够独立完成叠装、挂装等陈列方式的设计。
>
> （2）实训要求：分组进行，每组4～5人。
>
> （3）实训操作：
>
> ①任务分析：每组自选一个服装品牌，通过调研和资料信息搜集，充分了解其品牌历史、理念、风格、陈列道具特点等相关信息。
>
> ②通过对任务分析以及对同类风格的品牌卖场服装陈列形态的市场调研，开发两个设计方案。利用计算机辅助设计软件设计陈列方案，要求方案设计风格与品牌风格一致，产品与道具相契合，色彩协调，整体感强，符合卖场的商业运作规律。
>
> ③方案整体评价，检查方案的可行性，进一步调整。
>
> （4）实训结果：形成陈列形态方案。
>
> **职业素养任务**
>
> ①锻炼信息收集与分析能力，养成认真仔细观察的习惯。
>
> ②善于发现问题、提出问题和解决问题。
>
> ③注意团结协作、互相帮助、共同进步。

项目四

橱窗设计

学习目标

1. 能力目标
（1）能辨析不同类型的橱窗。
（2）能运用橱窗设计的手法进行创意和设计。
（3）能根据不同的创意来源进行橱窗创意设计。
2. 知识目标
（1）了解橱窗的类型、作用。
（2）知道橱窗设计的基本原则。
（3）掌握橱窗设计的不同手法。
（4）掌握橱窗创意设计的不同来源。

导入案例

橱窗的魅力

平庸无奇的橱窗陈列丝毫提不起路人的兴趣，路人总是会匆匆瞥一眼便离开。而优秀精致的橱窗却可以牢牢抓住路人的眼球，甚至让人想要走进店内看一看。橱窗就像一本书的封面，还未了解其中的内容，便已经勾起人们的胃口了。

作为展示品牌文化的重要窗口，橱窗文化的重要性不可小觑。许多国际大牌都有着独具特色的橱窗设计，在展示的同时也颇具艺术性，得到精神与视觉上的享受。其中，就不得不提到品牌路易威登。

路易威登最为著名的橱窗设计之一，便是在2012年与艺术家草间弥生（Yayoi Kusama）合作的一场橱窗展示。

这个位于伦敦邦德街路易威登旗舰店的橱窗，共计用了3000万个红色波点，以及与草间弥生本人1∶1等大的人像雕塑。橱窗一经展示，就引起了不小的轰动，吸引了大量慕名而来的观众。有些观众甚至将脸贴在橱窗上，以至于工作人员不得不每隔一段时间就需要将玻璃窗上的痕迹擦干净。还有人不远万里从其他城市前来观看、留念。该橱窗成了当时人们争先打卡的"网红橱窗"。

路易威登的橱窗或优雅高贵，或趣味横生，或神秘莫测，或温柔浪漫。可以说，每一组橱窗都堪称一件艺术装置，不仅完美体现了路易威登的品牌文化，更给人留下了足够深刻的印象。

🔅 任务描述

AZ 女装是一个知名女装品牌，着力于打造和传递轻松、自由和随性自然的品牌风格。张晓同学是 AZ 公司的陈列助理，AZ 品牌想要在秋冬季节打造一些特色橱窗，陈列师让张晓提出一些橱窗创意的点子。张晓记起大学里老师曾经讲过的一些案例，例如：爱马仕在巴黎旗舰店使用真实的植物和泥土做成一个原始丛林，里面陈设的是印第安人手工编织的皮袋，由此传递出爱护自然、降低工业污染的环保理念；法国品牌浪凡虽然是历史悠久的"大牌"，但却一直秉承着天真烂漫、青春活泼的风格，橱窗设计流露出一种独有的少女情怀，惹人喜爱。这些案例让张晓记忆深刻，她也对自己在 AZ 的第一个橱窗设计创意充满了期待。

张晓要进行橱窗设计策划，需要准备一定的知识，包括橱窗分类、作用、橱窗创意要素等。

📚 知识准备

橱窗是艺术和营销的结合体，它的作用是促进店铺的销售，传播品牌文化。据调查研究的数据表明，70% 的女性因为被橱窗吸引而走进店中。吸引顾客进店是销售成功的第一步，橱窗的作用可见一斑。在橱窗中，可以展示当季流行款式、主推色彩以及促销信息等，对销售起到良好的促进作用。同时，橱窗是传播品牌文化，彰显品牌气质的重要场所，国际上知名的服装企业都非常注重门店的橱窗设置，可以说，橱窗是一个不会说话的展示舞台，也是一个不会说话的竞争舞台，企业通过橱窗的设计来争夺消费者。试想一下，当你漫步在国际知名的服装时尚之都米兰、巴黎、东京等地时，随处可见散发着或文艺，或前卫，或夸张，或精致的橱窗，那应该会是非常好的视觉享受。

任务一　橱窗陈列分类

橱窗陈列是艺术和营销结合的载体，橱窗陈列的功能是促进店铺的销售，展示传播品牌文化。

好的橱窗展示不仅对提高店铺销售业绩有立竿见影的作用，对品牌整体形象的提升也有一个很直观的烘托作用。

对于橱窗陈列的分类，可根据橱窗展示内容、橱窗展示开放程度、橱窗位置、组合构成形式等进行分类。

一、根据橱窗展示内容分类

橱窗陈列有综合式、专题式、季节式、特写式、动态式与场景式等。

1. 综合式

综合式橱窗陈列是将各种不同类型、不同用途、不同质地的商品，经过组合、搭配、布置在同一个橱窗中，尽可能丰富地展示商品。这类橱窗在陈列上要尽可能避免杂乱无章，经过设计要做到既丰富多彩又井然有序。这类橱窗单从商品上看并无直接联系，各不相干，但在某一专题下却能把它们联系起来，并给人以联想，激起购买欲望。综合式橱窗陈列方法主要有横向橱窗陈列和纵向橱窗陈列。横向橱窗陈列，即将商品分组横向陈列，引导顾客从左向右或从右向左顺序观赏。纵向橱窗陈列，即将商品按照橱窗容量大小，纵向分为几个部分，前后错落有致，便于顾客从上而下依次观赏。

采用综合式橱窗陈列方式一般要求橱窗面积较大，可以按照商品的不同标准组合陈列在一个橱窗内。又可具体分为同质同类、同质不同类、同类不同质、不同质不同类商品橱窗。

如图4-1所示为综合式橱窗陈列，在此橱窗中，既有不同款式的服装展示，也有诸多包袋的展示，还有不同款式鞋子的展示，将各种品类的商品通过空间的有机组合而形成一个整体。服装的展示比较抢眼，但是鞋子和包袋通过不同高度的层板进行组合搭配展示，橱窗整体空间利用率较高，各品类的组合变化中有统一，既能很好地展示商品，又能营造出货品丰富的感觉，是较成功的综合式橱窗陈列案例。

扫一扫，看微课

图4-1　综合式橱窗陈列

2. 专题式

专题式橱窗陈列是给橱窗设定一个主题，围绕主题来选用和组织展品、道具、色彩、灯光等陈列要素。这种陈列方式能够强化概念、深化主题，有利于创造独特的展示氛围，从而吸引顾客的注意力。主题的概念范围很宽泛，可以是科技艺术、人文历史、生态环保、时事节日等。

如图4-2所示为表现节日主题的陈列，从整个橱窗的氛围来看，表现的是中国农历新年的主题，传递了对农历新年的庆祝。背景选用了传统的红色，点缀着霓虹灯标志和飞猪的插图，致敬猪年。

3. 季节式

季节式橱窗陈列主要根据季节变化把应季商品集中进行陈列，满足顾客应季购买的心理特点，有利于扩大销售。如图4-3所示，为某女装夏季的橱窗陈列，通过设置"水"这一元素，传递清凉的夏日主题。

图4-2　专题式橱窗陈列

图4-3　季节式橱窗陈列

4. 特写式

特写式橱窗陈列运用不同的艺术形式与处理方法，集中介绍某一商品。利用特写手法，把重点宣传商品的形象放大，或全部放大，或局部放大，这样能在视觉上造成强烈的冲击力，使消费者眼睛一亮，视线被吸引。特写式橱窗陈列适用于新产品、特色商品广告宣传，主要有单一商品及商品模型特写陈列。如图4-4所示，橱窗中特写的红唇占据整个橱窗的视觉中心，蔓延开的玫红色面料贯穿整个橱窗，形成了强烈的色彩冲击力，整个橱窗非常抢眼，趣味性十足。

图4-4 特写式橱窗陈列

5. 动态式

动态式橱窗陈列指在橱窗陈列中运用电动、电能作为辅助工具进行陈列。电动橱窗与一般的静止橱窗相比，有较强的吸引力和优越性，在电能的驱动下，橱窗商品或进行操作示范，或旋转变化，或左右上下移动，这类橱窗往往能产生较好的宣传效果。

如图4-5所示，空旷的橱窗中，一条精致的爱马仕丝巾悬挂在半空，在正后方则是一款中型动画显示屏，里面正播放着一段秀美的模特脸部特写视频。当模特噘起嘴做吹气动作的时候，丝巾也会向相应方向飘动起来。广告虽然简单，却传神地表现出商品的轻盈特质。

图4-5 爱马仕的动态式橱窗陈列

如图4-6所示，橱窗中两个人体模型似乎结伴而行，极具默契地一同坐下来观赏名画。

橱窗后方的屏幕暗藏玄机：如梦似幻的画面通过这个屏幕轮流展现，每一眼都是不同的美，给人的感觉如幻影一般。

图4-6　古驰的动态式橱窗陈列

6. 场景式

这一类陈列通常是将商品以某种生活场景或者情节画面构成，而商品则成为其中的角色。这种展示的特点是将商品通过特定的场景充分展示其在使用中的情形，显示其功能和外观的特点。同时场景化的展示场面容易引起顾客的联想和亲切感，因而激起顾客的购买欲。如图4-7所示，为非常典型的场景式橱窗，图4-7（1）是两位妈妈一起交流购买哪种品牌的婴儿用品，购物车里放着奶粉道具，坐着手舞足蹈的婴儿；图4-7（2）是结账时在收银台闲聊的场景。这些都与日常生活场景息息相关，容易让顾客产生联想。

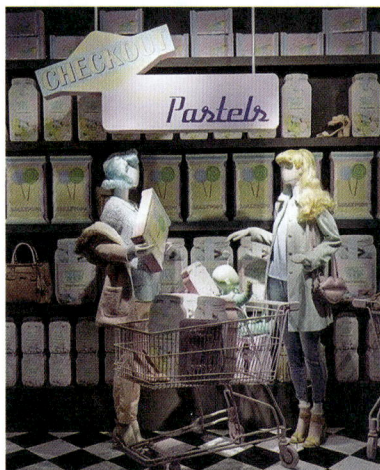

（1）　　　　　　　　　　　　　　（2）

图4-7　场景式橱窗陈列

二、根据橱窗展示开放程度分类

根据展示开放程度，橱窗可分为封闭式、半封闭式和开放式三种。

1. 封闭式

封闭式是广泛、普遍被采用的一种橱窗形式，一些临街的橱窗大多采用这种形式。封闭式橱窗的后背多以三夹板、胶合板封闭，并在左边或右边留有允许布置橱窗人员进出的小门。在进行商品展示陈列时，由于封闭式橱窗背景是封闭式的胶合板，便于在胶合板上进行陈列设计，从而能更好地烘托、宣传橱窗产品，营造橱窗气氛。封闭式橱窗的视线主要是从正面进入，因此在构图上也有利于整体效果的把握。

如图4-8所示，为某运动品牌的封闭式橱窗，橱窗的背景色与展示的商品色彩搭配合理，地球元素设计的背景造型以及中间的文字展示了该运动品牌的品牌理念。表达了对自然的热爱和回归自我的愿望。灯光简洁明亮，有亮点却不复杂，与品牌的理念相吻合。

图4-8 封闭式橱窗陈列

2. 半封闭式

半封闭式橱窗陈列是通过背板的不完全分隔来实现的。这种构造的橱窗主要是考虑到尽量使店内的采光不被遮挡或少遮挡，其优点是可以部分地看到店铺内其他的销售场所和布置情况。这类橱窗的后壁一般没有固定装置，适宜陈列大件商品，商品陈列手法要讲究疏密有致，数量不宜过多，要求整体视觉舒适（图4-9）。

如图4-10所示的橱窗中，用积木堆积成了一匹腾跃的马，配合清新的色调，给观者以想象空间，整个橱窗富有童心和趣味。

3. 开放式

开放式橱窗的最大特点就是与卖场陈列连在一起，与卖场内部空间浑然一体，具有足够的亲和力。开放式橱窗一定要注意橱窗陈列效果要与卖场陈列效果相统一，使其能够成为一幅完整的画面。

图4-9　半封闭式橱窗陈列（1）

图4-10　半封闭式橱窗陈列（2）

如图4-11所示，为开放式橱窗的两个实例，橱窗与卖场相连，浑然一体，能透过橱窗看到卖场内部的设计，通过橱窗来吸引顾客进店停留。

服装经营者在选择橱窗陈列方式的时候，应该根据自己经营品牌的风格和品牌在消费者心中接受的程度，科学、完美地设计自己的橱窗进行商品展示。

图4-11　开放式橱窗陈列

三、根据橱窗位置分类

1. 店头橱窗

店头橱窗是指在店铺的门头处设立的橱窗，大部分情况下紧挨店铺的门头，用于展示商品的同时兼作宣传品牌形象，店头橱窗是最常见的橱窗形式。如图4-12所示，是一个非常典型的店头橱窗，在店铺的入口两侧设置了非常醒目的橱窗，让顾客在经过店铺的时候就能看到主推的款式。

图4-12　店头橱窗陈列

2. 店内橱窗

店内橱窗是指在店铺内部设立的一组陈列形式，常常依据橱窗的设计手法进行一组货品的展示，通常是运用人体模型加道具的陈列手法，做出一组完整的主题陈列设计，以达到展示商品、宣传品牌形象的目的，如图4-13所示。

图4-13　店内橱窗陈列

四、根据组合构成形式的不同分类

根据组合构成形式的不同，可分为横向、纵向、单元橱窗陈列三种。

1. 横向橱窗陈列

横向橱窗陈列是将商品分组横向陈列，引导顾客从左向右或从右向左顺序观赏。

如图4-14所示，这一组橱窗的巧妙之处就是把"鸵鸟"分离开了，又恰如其分地在它身上展示商品，让人忍不住把目光移过去观赏。

2. 纵向橱窗陈列

纵向橱窗陈列是将商品按照橱窗容量大小，纵向分为几个部分，前后错落有致，便于顾客从上而下依次观赏，如图4-15所示。

图4-14　横向橱窗陈列

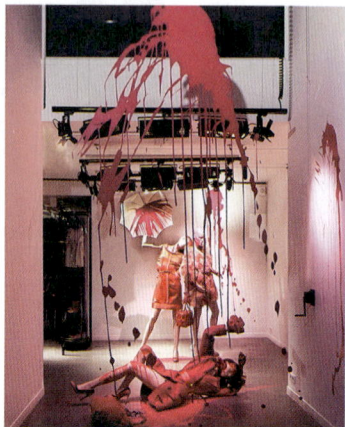

图4-15　纵向橱窗陈列

3. 单元橱窗陈列

单元橱窗陈列是指用分格支架将商品分别集中陈列，便于顾客分类观赏，多用于小商品的橱窗陈列，有时也用在大型购物中心。如图4-16所示是典型的单元橱窗。在购物中心的外墙，每一个可以看到的窗口都被拿来做了橱窗，形成一系列单元橱窗。整个视觉效果统一，视觉冲击力很强。

图4-16　单元橱窗陈列

任务二 橱窗陈列的设计思路与原则

一、橱窗陈列设计思路

橱窗陈列是艺术和营销的结合体，它的作用是促进店铺销售，传播品牌文化。因此不同的橱窗设计会呈现出不同的风格。

1. 强调销售的设计思路

强调销售信息的橱窗设计往往采用比较直接的营销策略，除了服装的陈列外，还会布置一些POP海报，追求立竿见影的效果，让顾客看了以后想要马上进店。

这种设计思路一般适合对价格较为敏感的消费群、中低价位的服装品牌，或者需要在短时间内达到营销效果的活动，如打折、新货上市、节日促销等活动。如图4-17所示，用显眼的颜色和文字将促销信息表现在橱窗中，吸引顾客进店购买。图4-18则是一种趣味性的表达，用钟表代替人体模型的头部，营造一种欲购从速的紧迫感。

图4-17　强调销售信息的橱窗　　　　　　　图4-18　趣味性表达促销信息的橱窗

2. 强调品牌文化的设计思路

强调品牌文化信息的设计思路，除了服装以外，其他商业信息比较少，橱窗更多强调艺术的感觉。方法比较间接，格调也比较高雅，追求一种日积月累的宣传效应。顾客看了橱窗后可能今天不一定进店，但会把品牌的概念留在脑中，可能成为潜在的消费者。这种设计表达比较含蓄，一般中、高价位或奢侈品服装品牌采用得比较多，适合注重产品风格和品牌文化的消费群，或者为了提升和传播品牌形象的时候采用。路易威登品牌与日本著名艺术家草间弥生合作的橱窗设计（图4-19），借助草间弥生的圆点艺术形式来进行橱窗的创意设计，把橱窗设计与其他艺术形式相结合，在吸引顾客眼球的同时，更多的是传达了品牌的文化内涵。

图4-19　路易威登强调品牌文化的设计思路

在实际应用中，有时候这两种风格往往是结合在一起的，只不过侧重点会有所不同。

检验橱窗设计是否成功的一个重要指数就是顾客的进店率，但因为两种橱窗的表现手法不同，检验标准也是不同的。第一种强调销售信息的橱窗，可以通过短时间来检验顾客的进店率；第二种强调品牌文化的橱窗则要通过一个较长的时间综合评定顾客进店率。两种橱窗的设计思路虽然有些不同，但最终的目标还是一样的，就是吸引顾客进店。

二、橱窗设计的基本原则

1. 考虑顾客的行走视线

虽然橱窗是静止的，但顾客却是在行走和运动的。因此，橱窗设计时不仅要考虑顾客静止时的观赏角度和最佳视线高度，还要考虑橱窗自远至近的视觉效果，以及穿过橱窗前的"移步即景"的效果。为了让顾客在最远的地方就可以看到橱窗效果，不仅在橱窗创意上要做到与众不同、主题简洁，还要考虑夜晚橱窗展示的场景，因此应适当加大橱窗的灯光亮度。一般橱窗中灯光亮度要比店堂中提高50%～100%，照度要达到1200～2500lx。另外，顾客在街上的行走路线一般是靠右行，通过专卖店时，一般是从商店的右侧穿过店面。因此，在设计中不仅要考虑顾客正面站在橱窗前的展示效果，也要考虑顾客侧向通过橱窗所看到的效果。

如图4-20所示，TOPSHOP品牌橱窗在设计中充分考虑到了顾客 "移步即景"的效果。在整体效果完整的前提下，人体模型的方向尽量照顾到不同方向来的顾客，在顾客行走的过程中，看到的是不同的着装造型，最大限度地照顾到顾客的行走路线。

2. 橱窗和卖场要形成一个整体

橱窗是卖场的一个部分，在布局上要和卖场的整体陈列风格相吻合，形成一个整体，特别是开放式的橱窗，不仅要考虑和整个卖场的风格相协调，更要考虑和橱窗最靠近的几组货架的色彩协调性。

如图4-21所示，橱窗的展示色彩与店铺的产品以及店铺装修地面的色彩相呼应，让开放式橱窗成为店铺的一部分，与店铺巧妙地融为一体。

在实际应用中，有的陈列师在设计橱窗陈列时，往往会忘了卖场里的陈列风格。结果常常看到这样的景象：橱窗设计得非常简洁，而卖场却很繁复；橱窗设计得非常现代，卖场却设计得很古典。

图4-20　橱窗设计考虑顾客的行走路线

图4-21　橱窗色彩与整个卖场融为一体

3. 要和卖场中的营销活动相呼应

橱窗从另一角度看，如同一个电视剧的预告，它告知的是一个大概的商业信息，传递着卖场内的销售信息，这种信息的传递应该和店铺中的活动相呼应。如果橱窗里是"新装上市"的主题，店堂里陈列的主题也要以新装为主，并储备相应的新品数量，以配合销售的需要。

如图4-22所示为一个秋装新品上市的橱窗陈列，用枫叶布满整个橱窗，让顾客仿佛置身于秋天，产生想走进店里看看秋装的冲动，半封闭式的橱窗也与店内主题相互呼应。

图4-22　秋装新品上市橱窗陈列

4. 主题简洁鲜明风格突出

在陈列时，不仅要把橱窗放在自己的店铺中考虑，还要把橱窗放大到整条街上去考虑。在整条街道上，其实一个品牌的橱窗只占小小的一段，如同一部影片中的一小段，稍纵即逝。顾客在橱窗前停留也就是短短的一点时间。因此，橱窗的主题一定要突出鲜明，用最简洁的陈列方式告知顾客你要表达的主题。

任务三　橱窗陈列设计方法

一、橱窗陈列与造型组合

橱窗陈列是一个独立完整的展示艺术形式，橱窗陈列的造型设计为品牌、为全新的商业理念提供了广阔的展示空间，也把造型艺术的精华凝聚在这里。

从造型的基本元素看，橱窗设计的造型元素以"点、线、面、体"为主。

"点"是橱窗中的重点。是引导观者视线相聚的点，是一个橱窗设计精华所在。"点"，有时是众星捧月的视觉中心点，有时是散落在橱窗空间中的装饰点。

"线"是穿插于各形体间的线状造型。有时是组成各个形体的结构线，有时又是一种装饰线，线的密集、粗细、曲直、横向、竖向的变化会产生不同而又丰富的造型效果；线可以打破呆板，可以把多个展品相连，可以引导和延伸人们的视觉点。

"面"是组成形体造型基本体。面的不同形状设计会出现多种造型形态，面的重组搭建可以形成变化或近似的形体状态。不同的面叠加、穿插、扭曲便可形成独具特色的形体，同时"面"配以不同的色彩变化又会产生极丰富的视觉效果。

"体"则是一个包含内外空间的概念。体可以由不同造型元素组合而成，有时完整的"体"可以通过拉伸、叠加、扭曲等方法改变外观造型，形成不同的空间形体状态。

橱窗作为一种展示艺术形式，其造型方法与雕塑、建筑、绘画等艺术是相通的。所不同的是，橱窗陈列作为商业空间的展示形式，还具有独特的空间陈列方式，以及可根据需求和内容的变化而变化的特点，好的橱窗陈列可根据品牌宣传需要随季节、随宣传推广重点而变化（图4-23）。

在橱窗造型组成上，橱窗有偏具象和偏抽象两种形式。

对于橱窗展示艺术偏具象的展示设计，设计师在表达内在设计构想与情感表达方法上比较直观，观者往往可以通过橱

图4-23　盟可睐（MONCLER）丛林主题橱窗陈列

窗的外在造型直接读懂它的内在情感，且不同的观者解读的内涵具有共通性的特点。动物是很多品牌橱窗喜欢运用的元素，如图4-24所示，橱窗中能撬动大象的路易威登旅行箱，有趣的同时也让观者意识到路易威登旅行箱的好质量，这就属于偏具象的展示方法。

对于偏抽象的橱窗设计，设计师表达内在情感的方法则较为曲折，因此不同的观者解读的结果往往会各不相同，这往往会使得抽象橱窗设计方法和展示艺术更加具有吸引力。

二、橱窗陈列与色彩组合

色彩是远距离观赏的第一感觉，色彩传达信息的速度胜过图形和文字。橱窗陈列的色彩包括服装、展示道具、地板以及壁面色彩等，地面、壁面和道具的色彩搭配为的是突出服装。因此，切莫以为色彩对比越强烈就对顾客视觉冲击力越强，越可以抢夺人的视线，这是认识上的一个误区。

图4-24　偏具象的展示方法

人的视觉生理告诉我们，人类具有自我保护的功能。大脑是反感混乱的，当色彩对比强烈，产生的刺激会使人的视觉马上进入防御状态，自觉抵制眼花缭乱的色彩，同时会产生厌烦情绪。因此世界很多著名企业和品牌大公司，色彩选用都非常简洁、精练、和谐，大多数选择单色代表公司形象，以便于人们记忆。

橱窗乃至整个店铺可以运用标准色来统一。不同类型的服装店铺对色彩设计要求各异，不同季节对专卖店色彩设计的要求也不一样，同时还须考虑流行色的影响。另外，室内要避免出现色彩的死角，角落的色彩对比应鲜明一些。

在陈设橱窗之前，要使用标准色卡确定色彩，色卡分为以下三组。

1. 主调基本色卡系列

一般不使用纯度（艳度）较高的浓重色彩及低明度色彩，多选择色阶中间靠上的和谐色彩，以此给橱窗用色范围确定基本色调。

2. 辅助色卡系列

辅助色卡系列扩充了主色调系列色卡范围，与主色调色卡搭配成色系，也避免选择纯度过高的色彩。

3. 点缀色系列

点缀色系列可选择纯度较高的色彩，在局部、小面积运用，起到画龙点睛的作用。

色卡的使用可以使橱窗色彩调子明确、统一而浪漫，也可以达到雅致、和谐、自然的色彩效果，突出商业文化的艺术性，达到视觉舒适、吸引消费者的目的。橱窗内使用的色彩不仅要考虑整个店面的统一和整体效果，而且要考虑与毗邻商铺用色的协调性，排列在一起的效果。

三、橱窗陈列与光影组合

橱窗设计中光的运用非常重要，在看似平常的空间里，灯光运用得当，可以提升服装的格调，使橱窗变得活跃、有气氛、有动感、有旋律。空间通过光得以体现，没有光则没有空间。

光可以形成空间、改变空间或破坏空间，它能直接影响到顾客对服装形状、质地和色彩的感知。因此，橱窗内光照的使用，是橱窗造型艺术表现的重要手段，这和电气照明工程师的工作内容有很大的区别，电气照明工程师主要看重亮度，而橱窗的光影设计主要是抓住形和色的表现效果。

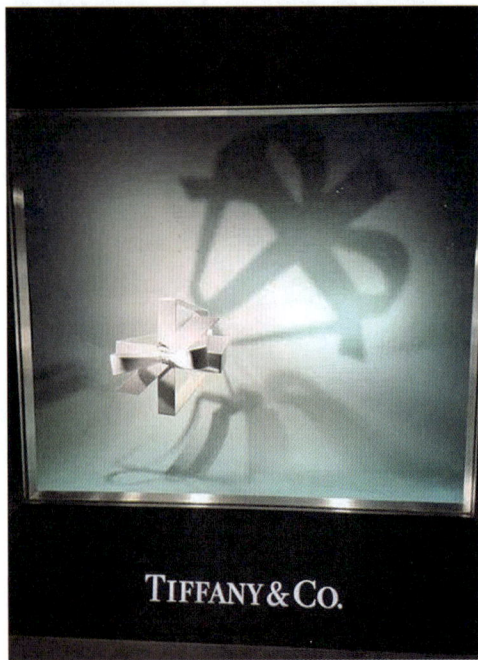

图4-25　蒂芙尼橱窗的灯光运用

有光就有影，有影就有形。光照通过灯筒的形状射出相应形态的影子，通过反射板、剪影板等工具，以及不同性质灯具的特点和照射位置的不同，在橱窗内表现出不同的光影。也就是说：光束的粗细，射光的照射面积、方圆、大小，点光的聚散，光线的曲直、长短，被照物体的明暗，光照范围产生出来的各种各样光和影的形状，都是可以被控制的，完全可以按照人的意志来塑造。橱窗的设计者要充分利用这个技巧，创作出光影的形态，在不同的空间层次，利用虚实的结合以及各种背景装饰图案，充分烘托展品主体，使其视觉更加美丽。如图4-25所示，蒂芙尼这个橱窗很巧妙地运用灯光，投影到蒂芙尼蓝色的背景墙上的形状，感觉就像一个钻石造型，完全符合品牌定位和商品价值。

选择光照色彩的色相要根据展示产品的主调色彩来决定，包括光照颜色的纯度（艳度）和色彩的冷暖都可以控制，根据色彩美学、色彩搭配美的规律法则进行配比、应用。这种光照色彩必须温柔、和谐、统一，可以使橱窗的情调和艺术表现达到更高的境界。

光的照射或反射千万要注意防止光源暴露，以免刺激消费者的眼睛。光照的强度、彩光的程度和纯度要适度减弱，不能喧宾夺主，特别是闪动频率较高的灯光，容易产生视觉污染。

还要注意，灯光运用并不一定以多为好，关键是科学与美学的结合。华而不实的灯光非但不能锦上添花，反而画蛇添足，同时会造成电力消耗和经济上的损失。因此，灯光设计要最大限度地体现实用价值和欣赏价值，必须由设计专家、色彩专家、灯光专家（不是照明电气工程师）共同参与设计。参照舞台设计概念应用照明，才能增加橱窗的艺术感染力（图4-26、图4-27）。

图4-26 之禾半封闭式橱窗的灯光设计

图4-27 橱窗灯光营造的图形和艺术氛围

四、橱窗的空间规划

橱窗的设计方法多种多样，根据橱窗尺寸的不同，可以对橱窗进行不同的组合和构思。小橱窗是大橱窗的缩影，只要掌握了橱窗的基本设计规律，也就可以从容应对大型橱窗的设计了。

目前，国内大多数的服装品牌的主力店的店面，在市场的终端主要以单门面和两个门面为主，橱窗的尺寸也基本在1.8～3.5m之间。这种中小型的橱窗，基本上是采用两至四个人体模型的陈列方式。

1. **基本组合形式**

人体模型道具和服装是橱窗中最主要的元素，一个简洁到极点的橱窗也会有这两种元素，同时这两种元素也决定了橱窗的基本框架和造型，因此学习橱窗的陈列方式可以先从人体模型的组合排列方式入手。

人体模型不同的组合和变化会产生间隔、呼应和节奏感。不同的排列方式会给人不同的感受。在改变人体模型排列和组合的同时，还可以从改变人体模型身上的服装搭配来获取更多趣味性的变化。另外，在同一橱窗里出现的服装，通常要选用同一系列的服装，这样服装的色彩、设计风格都会比较协调，内容比较简洁。为了使橱窗变得更加丰富，还需要在这个系列服装的长短、大小、色彩上进行调整。

人体模型和服装的组合有以下四种基本组合方式。

（1）间距相同、服装相同。这种排列的方式是每个人体模型之间采用等距离排列，节奏感较强，如图4-28所示，由于穿着的服装基本相同，比较抢眼，适合促销活动以及休闲装的品牌使用，缺点是有一些单调。为了改变这种局面，最常见的做法是移动人体模型的位置，或调整人体模型身上的服装，两种改变都会带来全新的感觉。

图4-28　间距相同、服装相同的人体模型组合

（2）间距不同、服装相同。由于变换了人体模型之间的距离，橱窗产生了一种音乐的节奏感，虽然服装相同，但不会单调，给人一种规整的美感。

（3）间距相同、服装不同。为了改变排列单调的问题，在橱窗设计时可以改变人体模型身上的服装来获得一种新的服装组合变化。由于服装的改变使这一组合在规则中又多了一分有趣的变化，如图4-29所示。

（4）间距不同、服装不同。这是橱窗最常用的服装排列方式，由于人体模型的间距和服装都发生了变化，使整个橱窗呈现一种活泼自然的风格，如图4-30所示。

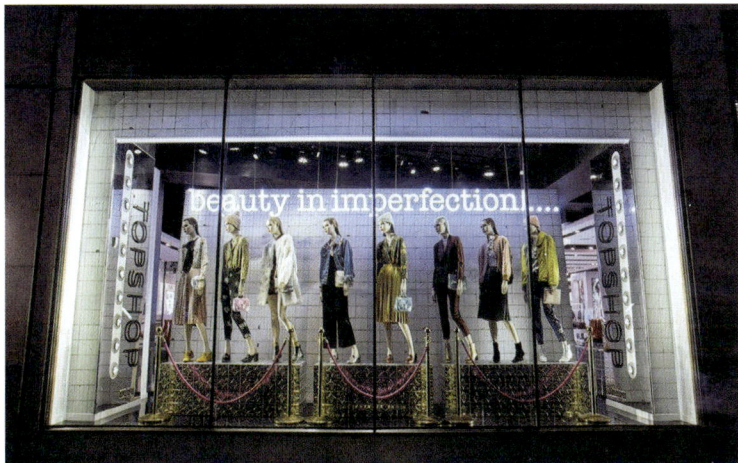

图4-29　间距相同、服装不同的人体模型组合

图4-30　间距不同、服装不同的人体模型组合

2. **综合性的变化组合**

橱窗陈列在掌握基本的陈列方法后，就要考虑整个橱窗的设计变化和组合了。

橱窗的设计一般是采用平面和空间构成原理，主要采用对称、均衡、呼应、节奏、对比等构成手法，对橱窗进行不同的构思和规划，同时针对每个品牌不同服装风格和品牌文化，橱窗的设计会呈现出千姿百态的景象。其实很难将橱窗的设计风格进行严格的分类，因为有的橱窗会采用好几种设计的元素。这里介绍两种比较典型和常见的类型。

（1）追求和谐优美节奏感的橱窗设计。这类橱窗追求的是比较优雅的风格，设计比较注重音乐的节奏，橱窗设计主要是通过对橱窗各元素的组合和排列营造优美的旋律感。

音乐和橱窗的设计是相通的。橱窗设计可以体现音乐节奏的变化，具体表现在人体模型之间的间距、排列方式、服装的色彩深浅和面积的变化，上下位置的穿插，以及橱窗里线条的方向等方面。一个好的陈列师也是对橱窗内各元素的排列、节奏理解得最深的人。

图4-31所示的橱窗中采用多个人体模型组成，人体模型的高低、距离各不同，营造出一种节奏感。

图4-31　橱窗陈列设计的节奏感

（2）追求奇异夸张有冲击感的橱窗设计。夸张、奇异的设计手法也是橱窗设计中另一种常用的手法，因为这样可以在平凡的橱窗中脱颖而出，赢得路人的关注。这种表现手法往往会采用一些非常规的设计手法，追求视觉上的冲击力。在这种方法中，最常用的手法是将人体模型的摄影海报放成特大的尺寸，或将一些物体重复排列，制造一种数量上的视觉冲击力，也可以将一些反常规的东西放置在一起，以期待行人的关注度（图4-32）。

图4-32　追求视觉冲击感的橱窗陈列设计

任务四　橱窗陈列方案设计

一个店铺的陈列设计重点在于橱窗设计，而橱窗设计的重点在于如何做出有创意的橱窗陈列方案，一个橱窗陈列方案包含橱窗灵感来源的确定、橱窗的构成元素、橱窗的设计手法，橱窗设计效果图表现等内容，因此橱窗方案的设计可以综合评判设计者的创意水平以及对品牌的理解能力。

一、橱窗创意灵感来源

橱窗设计的灵感来源不是虚无缥缈的冥思苦想，它主要来源于以下四方面。

1. 来源于时尚流行趋势主题

时尚流行趋势每年由各大流行趋势研究室进行发布，一般分为若干个主题。如英国在线时尚预测和潮流趋势分析服务提供商WGSN，每年分四次发布下一季的春、夏、秋、冬流行趋势，通常分为4～8个主题，每个主题都有其鲜明的特点，包括风格、色彩、面料和款式等元素。陈列设计师只需选择其中适合该品牌风格的主题，将其中的某些元素提炼成设计点即可。

2018年至2019年春夏，欧洲时尚都市巴黎、米兰等地的橱窗设计，充斥着一个共同的主题——环保主题（Be Sustainable），在WGSN 2019夏季的流行趋势中仍有这个主题。如图4-33所示，路易威登在2018年春季橱窗中运用了"环保""可持续再生"的概念设计，制造了一组太阳能动态橱窗。将作为清洁能源的光伏发电融入橱窗装饰，整组橱窗设计未来感十足，提倡环保节能的同时又赚足了眼球，大大提高了社会认同度。2019年春夏，巴黎春天百货也放置了一系列以环保为主题的橱窗，邀请到擅长使用PET废塑料制作作品的捷克艺术家，手工再创造了一组由塑料瓶盖串成的花帘，以及用各种饮料瓶组成的热带丛林（图4-34）。

图4-33　路易威登太阳能橱窗设计

2. 来源于品牌产品设计要素

品牌产品设计要素，其实是由服装设计师代替陈列设计师完成了对时尚流行趋势主题的分析和提炼。服装设计师会对下一季的流行趋势进行研究，找出其中适合于本品牌的设计要素，然后根据这些设计要素进行系列设计，开发出几大系列主题鲜明又风格统一的产品。陈列设计师只需对产品的这些设计要素加以延伸，在橱窗陈列时把它表达出来，就可以做出既符合时尚流行趋势又忠于品牌自身风格的设计。这些设计要素可能是一块面料的花型或肌理，抑或是一个款式的结构特点，另外，产品的Logo也可以成为橱窗创意陈列的一个要素。

（1）运用品牌经典的设计点。如面料的花型、格子或者是品牌的Logo等元素并放大提纯，这种设计在博柏利、麦丝玛拉、古驰等品牌橱窗运用得较多（图4-35）。

（2）根据每季产品发布会现场布置来延伸橱窗设计方案。香奈儿就是个典型，香奈儿品牌的主题设计是遵循从秀场到橱窗的设计程序，因此每季只需要看看它的发布会，就知道它的橱窗方案了（图4-36）。

图4-34　2019年春夏巴黎春天百货环保主题橱窗设计

图4-35　麦丝玛拉以品牌Logo为放大元素的橱窗设计

图4-36　香奈儿品牌珍珠项链、山茶花特写橱窗设计

3. 来源于品牌当季的营销方案

品牌当季的营销方案，可以按时间段来划分，其中包括新品上市计划，以及一些重点节假日的营销策略。在这些重点时期，如春装上市、秋装上市、国庆节、中秋节和春节期间，品牌

必然需要进行有针对性的重点陈列设计。陈列设计师在这个时候就要通过应季的橱窗陈列设计明确地提醒每一位路过的顾客新品的上市和节日的到来。设计方案的灵感来源，就可以从这些时间段的代表特征中去发掘。既要明确地体现该时间段的特点，又要新颖而不落俗套。

如图4-37所示，蔻驰（COACH）品牌橱窗中 "请"来许多动物，如老鼠、狐狸、小猪等加入节日派对，一起跳舞营造出浓浓的圣诞节日气氛，通过与节日营销方案的结合来引导顾客进行节日的购物消费活动。

图4-38为之禾上海世茂店入口及橱窗，之禾的品牌理念是基于"天人合一"的古老东方哲学，从大自然中精选高品质的原料，并以对环境负责任的态度加以再造，摒弃多余设计，展示天然之美。橱窗中三个带有原始粗犷气质的稻草人模特，以及四个或站或坐的模特，都在展示着之禾对天然的追求。橱窗充分考虑了细节的作用，如模特坐的稻草凳以及稻草人使用的工具都紧贴主题。

图4-37 蔻驰品牌圣诞节日橱窗设计

图4-38 之禾上海世茂店入口及橱窗设计

4. 来源于全球热点社会问题

关注全球热点社会问题和区域社会新闻，合理地解构社会问题，从中提炼出符合本品牌的设计点，创意和风格的实现也变得自然，且能引起受众的共鸣。

如图4-39所示，以"女王钻石庆典"时事热点为主题，伦敦的哈罗德（Harrods）百货公司以各种夸张的形式装扮自家商场，充分呈现出这个令全英国人骄傲的节庆。横幅、旗帜、罗缎、桌布、布景、伞、花卉等派对布置元素展现在橱窗中。伦敦塔卫兵、经典英国晚餐、亮红色双层巴士、白金汉宫布景等英国伦敦的元素，把女王钻石庆典的社会热点表现得淋漓尽致。

哈克特（HACKETT）男装则利用了"英国皇室哈里王子结婚"的热点，以"皇室婚礼"为主题做了这组橱窗，如图4-40所示。橱窗的表达形式也特别新奇：用立体花卉塑造出红色的小卡车，直接"撞"进橱窗里。

图4-39 哈罗德百货公司以"女王钻石庆典"为主题的橱窗设计

图4-40 哈克特以"皇室婚礼"为主题的橱窗设计

二、橱窗陈列创意方案设计步骤

当橱窗陈列设计灵感来源确定以后，就进入了橱窗陈列创意方案设计的环节。在橱窗设计方案环节中设计师需对灵感来源进行整理，制作相应的主题板，根据主题板绘制橱窗设计效果图，再根据效果图进行橱窗实物的制作。

1. 收集调研国际橱窗陈列流行趋势报告

前面讲述了品牌灵感来源的途径，因此在对品牌进行橱窗方案设计的过程中，必须先对国际橱窗陈列形式进行详尽的调研，提交橱窗陈列流行趋势报告，才能掌握国际橱窗陈列流行趋势的变化，提炼符合自己品牌形象的方案设计，如图4-41~图4-43所示。

2. 确定方案主题

在进行趋势调研的基础上，结合品牌特色进行橱窗陈列主题设定及灵感来源的采集，确定适合品牌当季的橱窗陈列主题，确定灵感来源（图4-44）。灵感来源的四个方面见本节前文。

进军元宇宙

随着虚拟世界和现实世界之间愈发紧密相连，实体商店开始从元宇宙的数字美学中汲取灵感。

StudioXAG为万宝龙（MONTBLANC）打造橱窗系列，灵感源于瑞士阿尔卑斯山白雪皑皑的巍峨山峰。

英国塞尔福里奇（Selfridges）百货公司在其"至尚真我（SUPERSELF）"企划中探索舒心未来。

伦敦知名创意零售设计公司Seen Displays为匡威（CONVERSE）制作了名为"Create Next Halo Cube（打造下个光环立方体）"的橱窗，设计师通过移动图形和镜面表面，创造充满沉浸感的橱窗内部空间。

意大利休闲品牌UNITED COLORS OF BENETTON将其米兰店铺改造成一个数字风格的沉浸式粉红空间。

图4-41 元宇宙主题橱窗（WGSN）

科技融入自然

自然风格与科技元素相互碰撞，而未来主义的数字增强元素也在更新传统的春夏场景。

古驰将柔软挂帘搭配Digital Lavender数字薰衣草，路易威登也使用了这一色彩来与粉色调组合。

如品牌丝黛拉·麦卡妮（Stella McCartney）打造的超现实菌菇橱窗那样，光线在为自然场景注入数字质感方面发挥着关键作用。

尤论是菲拉格慕为品牌KaDeWe设计的棕榈树，还是迪奥（DIOR）的超大花朵和迈宝瑞（Mulberry）的雕塑岩石，都呈现出了金属色，增强数字美感。

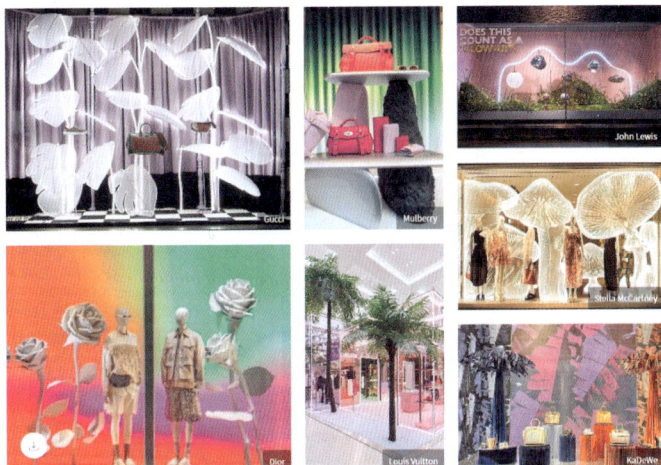

图4-42 科技元素橱窗设计（WGSN）

甜品灵感

从颗粒状棉花糖和冰激凌到棉絮状棉花糖和蛋糕，各种甜品都可以成为灵感，创造俏皮和怀旧的橱窗陈设。

爱马仕2022年的创意主题为轻盈。为了呼应这一主题，爱马仕的橱窗变成一个完全由棉花糖构成的俏皮世界。

爱马仕在德里和孟买的门店也推出了类似的糖果展示场景，其中包括制作棉花糖、冰激凌和爆米花的机器，以及搅拌中的混合蛋糕糊。

罗意威（LOEWE）打造的橱窗以超大号的鞋子为主角，鞋跟则由破壳的鸡蛋和生日蜡烛等与蛋糕相关的物品所取代。

图4-43 欢乐、积极主题的橱窗（WGSN）

INSPIRATION

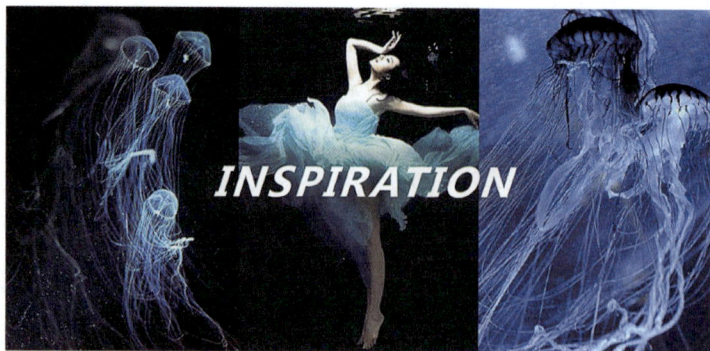

图4–44　橱窗陈列方案主题确定

3. 制作主题板

当灵感来源确定后，设计师就可以根据灵感来源进行主题板的确定。主题板具体包括橱窗主题、灵感来源图片、设计关键词、色调图以及局部细节图等（图4–45）。

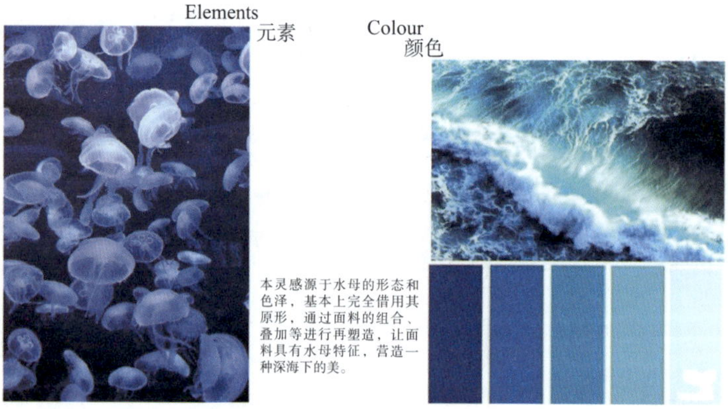
Elements
元素
Colour
颜色
本灵感源于水母的形态和色泽，基本上完全借用其原形，通过面料的组合、叠加等进行再塑造，让面料具有水母特征，营造一种深海下的美。

图4–45　橱窗方案主题板确定

4. 设计效果图

当主题板确定好之后，设计师根据主题板的主题、色彩、灵感来源图等设计元素，结合品牌特点，进行效果图的系列设计（图4–46）。在设计效果图时一定要注意橱窗的大小和空间尺寸。

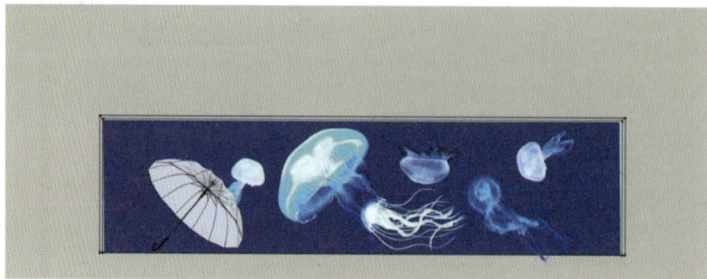

图4–46　橱窗设计效果图

5. 橱窗陈列实施

按照橱窗设计效果图，进入道具开发工作。对于品牌企业来说，一般是全国的上百个专卖店统一进行道具开发，然后发到每个店铺中。也有部分DIY道具需要由店铺陈列人员制作，通常会有相应的制作步骤，发给各个专门店（图4-47、图4-48）。对于陈列专业的学生来讲，一般都是自己进行DIY道具的设计与制作，并完成从人体模型到道具及灯光等各个环节的实践操作。

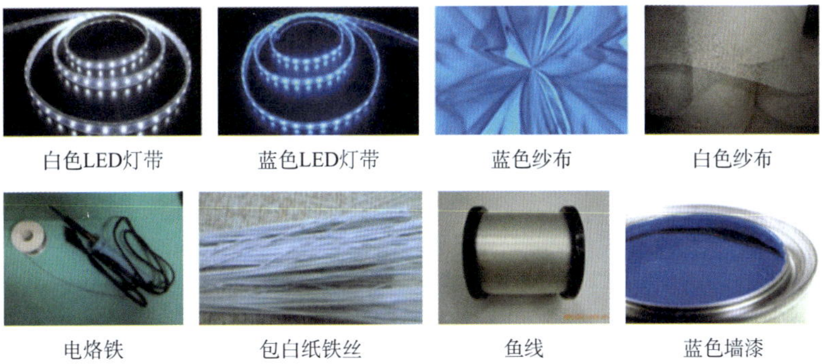

| 白色LED灯带 | 蓝色LED灯带 | 蓝色纱布 | 白色纱布 |
| 电烙铁 | 包白纸铁丝 | 鱼线 | 蓝色墙漆 |

图4-47　橱窗陈列物料

图4-48　橱窗陈列实物

☞ 课外拓展

实训项目：进行一定规格的橱窗现场陈列练习

任务解析

（1）实训目标：通过实际训练，让学生掌握橱窗陈列基本原则和方法，并能够独立完成橱窗设计方案。

（2）实训要求：分组进行，每组4～5人。

（3）实训操作：

①任务分析：选择一个服装品牌，通过调研和资料信息搜集，充分了解该品牌历史、理念、风格、陈列产品特点等相关信息，掌握任务要求。

②橱窗陈列信息采集与整合：了解橱窗流行趋势、该品牌历代橱窗方案。调研总结内容翔实，搜集的资料和信息真实有效，对橱窗方案的设计开发有一定的辅助作用。

　　③橱窗陈列方案设计：通过对任务分析以及同类风格的品牌服装橱窗市场调研，开发2~3个设计方案。利用计算机辅助设计软件进行设计，方案设计风格与品牌风格要一致，主题与产品风格吻合。方案色彩协调，造型别致，整体感强，效果良好，主题突出，有创意性。

　　④道具选配：对设计方案进行道具可实行性的调研和选配，最终设计和确定道具。要求道具的设计和选择与橱窗风格及品牌风格一致，且制作精致、美观、协调，有一定的创意性和价值感。

　　⑤橱窗布置：道具、人体模型、灯光、产品的组合。

　　（4）实训结果：完成橱窗设计方案（有条件可进行实际布置），每组汇报，教师和学生点评，之后根据教师和学生的意见修改，形成最终的橱窗设计方案。

职业素养任务

　　（1）在整理、分析、学习优秀的品牌文化的过程中，提高自己的理解、分析能力，并逐步提升自己的鉴赏、创新能力。

　　（2）在优秀企业文化的学习中，养成健康向上、开拓创新、积极进取的生活态度。

　　（3）逐步对自己的职业进行定位和规划。尝试挖掘自己的职业气质、职业兴趣、职业能力结构，认清自己的优势和不足，在学习中努力成长。

项目五

陈列氛围营造

学习目标

1. 能力目标
（1）能对服装门店进行合理的照明设计。
（2）能选择合理的颜色来营造卖场氛围。
（3）会用 POP 营造卖场氛围。
（4）能选择适合的音乐营造卖场氛围。
2. 知识目标
（1）了解陈列氛围营造的范围。
（2）熟悉照明设计的要点。
（3）熟悉不同色彩所代表的意义。
（4）熟悉 POP 的类型及作用。

导入案例

购物中心的光影"诱惑"法则

　　人类大脑 80% 以上的信息来源都来自视觉，视觉对于感知世界的作用毋庸置疑。光通过生理感官影响着人们的心理状态，通过眼睛这套"光学仪器"在大脑中形成图像。照明的历史其实是从 18 世纪后才开始的，最早期欧洲的教堂建筑非常重视光在室内的效果，因为光影响教徒的心理。

　　作为感官动物的人类，在不同的氛围中有着不同的反应。不论是街道、建筑、景观还是一座城市，都因光流淌着灵动的生命力，并且被赋予了色彩、风格、氛围和情感。灯光不仅是照明的工具，在商业空间里，灯光照明的设计还是灵魂的所在，影响着人们的消费感官。

　　在追求体验至上的商业发展趋势下，一个空间静态效果的提升在很大程度上依靠灯光的千变万化。照明的设计融合了技术与艺术的哲学内涵，修葺和完善商业的功能，甚至创造出一种文化理念的意识，在人们的脑中形成容易被唤醒的记忆，凸显出商业的特征，起到招揽顾客的作用。

　　通常谈到照明，我们都是将其放在夜间的环境设想下，而照明在这个环境中最能得到突出的便是色彩的体现。不论是光源色彩还是建筑物的背景色，恰当的色彩夜景照明既能保证消费者的活动在夜间购物中继续进行，又能达到调节消费者的情绪、心理、渲染购物气氛的目的。

五光十色固然能在瞬间吸引眼球，但是过于杂乱的色彩只能短暂刺激视觉，随即就会产生疲劳感。因此，需要通过选择主色调，控制色彩的效果达到平衡。灯光里的色彩能活跃气氛，也能通过对比强调物体，而主色调加入更多色彩的点缀更能轻松地营造独特的视觉效果。

英国布拉德福德（Bradford）百老汇购物中心：老建筑的新"亮"点

位于英国西约克郡（West Yorkshire）的布拉德福德市曾是英国工业和纺织生产的中心，至今还保存着维多利亚时期的很多建筑。最著名的建筑包括市议会大楼、前毛纺织交易所以及圣乔治大厅（St. George's Hall）。2015年，布拉德福德市对市政建设进行了改造，而其中，照明改造的重点是布拉德福德的百老汇购物中心。

从福斯特（Forster）广场到百老汇购物中心的步行街上，安装了外形纤细的投光灯SCULPline，并采用了红、绿、蓝、白动态照明效果。从利滋市的柯克盖特市场（Kirkgate）到百老汇购物中心西门的区域，采用 Albany LED 灯具来呼应这一区域内的古老建筑，使整个地区都沉浸在维多利亚的复古风里。将9套 Midi LED 埋地灯安装在人行道上，用来为人行道上的绿树投光。

在购物中心南侧的布里奇街（Bridge Street）上，把原有的传统光源灯具替换成 LED 灯具，并专门定制了灯杆，带有"Bradford"字样。还有专门设计的支架与定制的灯杆配套。

新加坡爱雍·乌节（ION Orchard）购物中心：科技光影的魅力

爱雍·乌节购物中心位于新加坡的商业中心乌节路，设计师从这里的历史背景和种子的形象中得到灵感，将爱雍·乌节描绘成一颗掉落在果园里然后生根发芽的种子。

设计的重点放在购物中心的立面照明设计上，形成一个精巧而充满质感的照明设计。通过在巨大的玻璃立面上安装全新多媒体幕墙，达到通透非凡的照明效果，传达设计的理念，从而与消费者形成交流。在购物中心的外立面墙上，每隔15cm就有一个 LED 设备安装在水平百叶上。LED 灯具面向室外，人们从店内看不到它的亮光，而店外则显得格外亮丽。照明设计师成功地实现了在保证室内视野的同时，为室外也提供了一个 LED 屏幕。

购物中心内部，设计师大胆运用了一个高达4层的空白空间，建立了光的节奏感，给行走的人们带来了轻松的感觉。安装在两个巨大的树形支撑物上的8个照明设备投射出各种图案。玻璃罩也反射着来自顶棚的灯光，不断变幻的光影形成了略显神秘的各种形状。

灯光照明是情调与气氛营造的高手，但它又常常因为太过合理而隐藏在人们的视觉深处，当它成为眼睛里的主角时，又能够一次次轻松撼动人们的心灵。这是一种暗藏的情感表达，你要讲述的故事都可以在照明设计的选择上表达出来，一切带有棱角的、各不相同的、不稳定变化着的，都能够融在灯光的流动中而变得合理。

💡 任务描述

李丽大学毕业后，在父母的支持下，打算自己创业开一家女装店，实现自己的创业梦想。考虑到自己刚从学校毕业，没有经营管理店铺的经验，李丽最终选择加盟的方式。经过仔细的调研和对比，李丽决定加盟 AZ 品牌的女装店。她了解到，AZ 女装的目标顾客主要是追求个性、时尚的年轻人，这与她创业的想法一致。目前，李丽已看好了在市中心的一块黄金地带的店面，店面已经租下来。接下来，就进入门店的装修和卖场氛围的营造了，对于这部分工作，李丽没有太多的经验。幸好，AZ 公司对于加盟店的装修设计有系统的支持，公司派出一位专员来监督和指导门店的装潢设计工作，还带来了详细的店铺装潢设计指导书。看着指导书上的店铺装修效果图，李丽非常激动，这样的店铺设计正是她心目中想要的，她开始设想店铺开业之后的美好生活了。

如果你是 AZ 公司这方面的专业人员，你认为李丽的服装店铺在门店装修和卖场氛围营造方面应该怎样设计？

根据上述背景资料，以卖场氛围营造专业人员的身份对该 AZ 女装店进行卖场氛围设计，包括照明的设计、POP 的设计以及店铺色彩、音乐、气味的设计等。

知识准备

合理有效地布置店内环境和卖场氛围，不仅可以提高卖场的服务质量，增加销售额，还可以为顾客提供方便、舒适的购物环境。同时，也能满足顾客在精神层面上的追求，从而使顾客光临卖场，最终提高卖场的经济效益。卖场内部环境的美化与装饰，还能使店内工作人员心情舒畅，提高工作效率。

卖场环境通过在颜色、灯光、音乐、气味和材质等方面的设计刺激顾客的直觉和情感反应，并最终影响顾客的购买行为。

卖场的环境设计要做到：针对不同的顾客及服装类别，运用粗细、轻重、刚柔不一的材料，恰当适宜的色彩，层次分明的灯光及造型各异的物质设施，对空间界面及柱面进行错落有致的划分组合，创造出一个使顾客从视觉、听觉、触觉、味觉等都感到轻松舒适的销售空间。比如，男装卖场中的柱子采用带铜饰的黑色喷漆铁板装饰，以突出坚毅而豪华的气势；同时辅之以同样素材的展示架，构成一种稳重大方的氛围。而对于相同建筑结构的女装卖场，则采用喷白淡化装饰，圆柱设计立面软包的人体模型台，并辅之以小巧的弧形展架，以创造一种温馨的环境。

服装店的卖场氛围包括卖场灯光照明、道具、POP、音乐、气味等。

任务一　陈列照明设计

照明和灯光设计可以提升服饰卖场的审美价值，并能起到改变空间感，赋予空间个性的作用。所以，灯光是卖场氛围设计重要的工具之一。

一、照明的作用

店内照明在卖场中扮演着非常重要的角色，它可以提高商品陈列效果、营造卖场氛围，从而创造出一种愉快、舒适的购物环境。具体来说，灯光照明的作用如下。

1. 引导顾客进店并在适宜的灯光下选择商品

合理的灯光可以引导消费者的视线，它使服装的色彩，裁剪的细节，优良的面料及精致的做工得到充分的显示。

为达到这一目的，灯光的总亮度要高过周围的建筑物，以显示商品的特征，使卖场形成明亮愉快的购物环境。如果光线过于暗淡，会使卖场产生一种沉闷的感觉，不利于顾客挑选商品，也容易导致销售差错。

2. 吸引顾客对商品的注意力

优秀的灯光设置可以让人对所陈列的服装及店面环境留下深刻印象，如橱窗中局部射灯的处理，能使模特的服装成为视觉中心，起到提高橱窗吸引力的作用。

布置卖场的灯光时，应着重把光束集中照射到商品上，不可平均使用。可以考虑在商品陈列、摆放位置的上方布置各式灯光，使商品变得五光十色、光彩夺目。

3. 使卖场形成特定的气氛

合理地运用灯光可使商店具有一种愉快、柔和的氛围（图5-1）。

扫一扫，看微课

图5-1　例外卖场灯光氛围

二、照明设计原则

1. 舒适原则

一个灯光强度适宜的卖场能够给人一种愉悦的感觉；反之，一个灯光灰暗的店铺则会让人觉得昏暗、沉闷，不仅看不清服装的效果，还会使卖场显得毫无生气。舒适的灯光可以增加顾客进入停留和购买的概率，所以，一个卖场必须满足基本的照明度。一些店铺由于生意不好，总是通过减少灯光的亮度来节约费用，其结果只能带来恶性循环。

要使顾客在卖场中有舒适感，就要选择适当的照度和理想的光源。照度要适中，高的照度可以作为局部点缀，以加强顾客的关注度。照度会影响卖场内空间是否明亮宽敞，商品是否清晰易见，卖场各部分照度的高低要因其功能不同而有所差异。

2. 吸引原则

在终端卖场中，除了造型和色彩以外，灯光也是吸引顾客的一种重要元素。咖啡馆、酒吧、宾馆这些场所通常需要设计得富有温馨感，因为顾客来这里主要是为了放松心情。但对于一个购物场所，不仅要制造一种轻松感，还需要提高顾客的兴奋度，引起顾客对店铺以及店铺中产品的关注，以激发购买欲。在同一条街上，通常灯光明亮的店铺要比一个灰暗的店铺更吸引人，因此，适当地调高店铺里的灯光亮度将会提高顾客的进店率。同样，卖场内明亮的灯光也会提高顾客对货品的注目度，所以店铺一般都会采用明亮的照度。

制造吸引顾客的灯光效果包括：适当增加橱窗灯光的亮度，超过隔壁商店的亮度，使橱窗变得更有吸引力和视觉冲击力；善用灯光的强弱以及照射角度变化，使展示的服装更富有立体感和质感；卖场深处面对入口的陈列面要光线明亮。

3. 真实显色原则

服装和其他商品不同，它是直接穿在人身上的，因此顾客会在店铺中通过试衣来确认服装的色彩和自己的肤色是否相配。顾客检验服装色彩的真实度，通常是根据日光照射效果来决定的。我们经常会看到一些有经验的顾客到店外的日光下检验服装色彩，就是因为很多卖场中的灯光照射效果和日光有很大的差别。因此，为了达到真实的还原色彩，在店铺中选用重点照明的灯光时，应该考虑色彩真实的还原性。

一般来说，外套基本是人们在白天穿着的，其穿着光源环境主要是在阳光和办公室灯光照射下。因此接近日光和日光灯的照射效果应该是我们要模拟的照射效果。根据不同位置对光源显色性能的不同要求，卖场中重点位置以及正挂展示的服装灯光显色要考虑显色的真实性。

4. 层次分明原则

卖场中的灯光也像舞台剧中的灯光一样，可以用灯光的强弱来告知卖场中的主推商品和特色商品。巧妙地运用灯光能区分卖场各区域的功能、主次，给顾客一种心理暗示。如橱窗用指向分明的灯光来吸引顾客，吊挂展示服装用明亮的灯光让顾客仔细看清货架上服装的细节，用柔和的灯光在服务区营造温馨的氛围。

在重要部位加强灯光的强度，一般部位只满足基本照明。这样的设计能使整个卖场主次分明，富有节奏感，同时也可以控制电力成本。

5. 与品牌风格吻合原则

针对不同的品牌定位和顾客群，卖场灯光的规划也有所不同。一般情况下，大众化的品牌，由于价位比较低，往往追求速战速决的营销方式，所以灯光的照度较高。这样可以在短时间内提高顾客的兴奋度，促使顾客快速购物。同时由于货品的款式和数量比较多，所以在照明区域的分布上，大都以基本照明为主，和重点照明照度差距较小，其基本照明比高档品牌要相对亮一些。

高档服装专卖店由于服装价位比较高，顾客对服装选择比较慎重，要做出购买决定的时间也相对长一些；同时，由于这类服装往往风格比较特别，个性较强，所以其基础照明的强度要相对较低。图5-2是之禾位于福宝圣奥诺雷（Faubourg

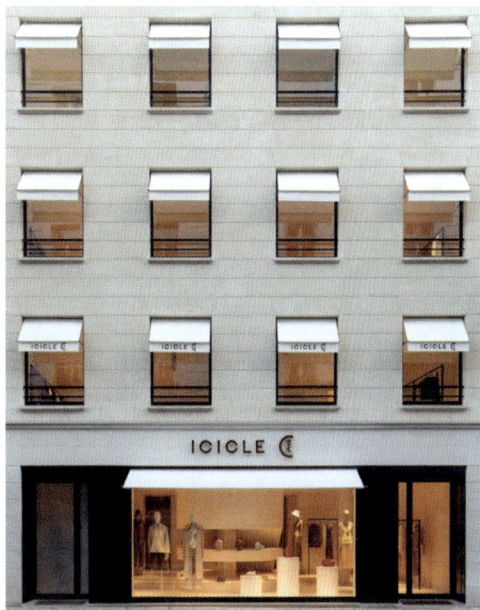

图5-2 之禾福宝圣奥诺雷大街旗舰店

Saint Honoré）大街的第二家巴黎精品店，该店位于巴黎奢华购物核心地段，也是该品牌在欧洲的商业版图中点亮的第二座地标。门店的灯光像和煦的阳光照在身上，轻柔、温暖、自然，与之禾传达的品牌理念契合，凸显品牌对天然、极简的追求。

三、照明方式分类

1. 按灯具的散光方式分类

按照灯具的散光方式，服装卖场的照明方式可以分为直接照明、半直接照明、全方位扩散照明、半间接照明、间接照明，如表5-1所示。

（1）直接照明。直接照明是将光源直接投射到展示工作面上，以便充分地利用光通量的照明形式。直接照明的光通量分布情况为：上方0～10%、下方100%～90%的配光。直接照明的特点是亮度大，给人以明亮、紧凑的感觉。但可能会有强烈的眩光与阴影，并不适合与视线直接接触。直接照明强度大、效率高，易形成明显的阴影，因此反差比较强烈，是一种具有活力的照明方式，对有光泽的商品效果更佳。

（2）半直接照明。半直接照明除保证工作面光照强度外，天棚与墙面也能得到合适的光照，使整个卖场光线柔和、明暗对比不太强烈。半直接照明的光通量分布情况为：上方10%～40%，下方90%～60%的配光。半直接照明的亮度仍然较大，但比直接照明要柔和。

（3）全方位扩散照明。这类照明能使光通量均匀地向四面八方漫射。光通量分布情况为：上方40%～60%、下方60%～40%的配光。

（4）半间接照明。半间接照明是大部分光线照射到天花板上或墙的上部，使天花板非常明亮均匀，没有明显的阴影，但在反射过程中，光通量损失较大。通常，光通量的分布情况为：上方60%～90%、下方40%～10%。

（5）间接照明。间接照明的全部光线射向顶棚，并经天花板反射到展示工作面上，光线均匀柔和。间接照明的光通量分布情况为：上方90%～10%、下方10%～0。间接照明的特点是光量弱，光线柔和，无眩光和明显阴影，具有安详、平和的氛围。

表5-1 不同照明方式的光通量分布情况

照明方式	图示	光通量分布情况
直接照明		0～10% 100%～90%
半直接照明		10%～40% 90%～60%

续表

照明方式	图示	光通量分布情况
全方位扩散照明		40% ~ 60% 60% ~ 40%
半间接照明		60% ~ 90% 40% ~ 10%
间接照明		90% ~ 10% 10% ~ 0%

知识链接：关于光通量

··

光通量（Luminous Flux）指人眼所能感觉到的辐射功率，它等于单位时间内某一波段的辐射能量和该波段的相对视见率的乘积。由于人眼对不同波长光的相对视见率不同，所以不同波长光的辐射功率相等时，其光通量并不相等。

2. 按光线照射方式分类

按照光线的照射方式，服装卖场的照明方式可以分为正面光、斜侧光、侧光、顶光。

（1）正面光。正面光是指光线来自服装的正前方。被正面光照射的服装有明亮的感觉，能完整地展示整件服装的色彩和细节，但立体感和质感较差，一般用于卖场中货架的照明。

（2）斜侧光。斜侧光是指灯光和被照射物呈45°角的光位，灯光通常从左前侧或右前侧斜向的方位对被照射物进行照射，这是橱窗陈列中最常用的光位，斜侧光照射使人体模型和服装层次分明、立体感强。

（3）侧光。侧光又称90°侧光，灯光从被照射物的侧面照射，使被照射物明暗对比强烈。一般不单独使用，只作为辅助用光。

（4）顶光。顶光是指光线来自被照射物的顶部。这种灯光因为照明效果特殊，在有些地方要慎重使用。例如，在人体模型上方使用顶光的话，会使人体模型的脸部和上下装产生浓重的阴影，一般要避免，同时在试衣区，顾客的头顶也一定要避免采用顶光。

在实际运用中，正面光和斜侧光被经常运用。

3. 按卖场中区域不同分类

按照卖场中区域的不同，服装卖场的照明可分为橱窗照明、入口照明、货架照明、试衣区照明。

（1）橱窗照明。由于橱窗里的人体模型位置变化很大，为了满足人体模型陈列经常变化的情况，橱窗大多采用可以调节方向和距离的轨道射灯。为防止眩光和营造橱窗效果，橱窗中灯具一般被隐藏起来。传统的橱窗灯具通常装在橱窗的顶部，但由于其照射角度比较单一，目前大部分品牌多在橱窗的一侧或两侧，甚至在地面上安装几组灯光，以丰富橱窗灯光效果。

橱窗分封闭式、半封闭式和开放式等类型。封闭式橱窗由于可以进行相对独立的布光，自由度比较大。半封闭式和开放式橱窗必须考虑和店堂内部的照明呼应。开放式橱窗由于与店堂内部是一体的，所以要根据不同的店面形式，采取不同的灯光配置。如要强调橱窗，可以增加橱窗照度和亮度；如要强调店铺内的效果，可以将卖场中的某些区域作为重点照明。

渔2018秋冬"踏雪寻梅"的主题橱窗（图5-3），通过灯光打造整体呈现金黄色，看上去就像大雪过后，阳光刚照射大地的那一瞬间。

图5-3　渔"踏雪寻梅"主题橱窗灯光

（2）入口照明。当顾客被橱窗吸引时，会考虑是否进店看看，因此入口的灯光设计也显得非常重要，照明设计的要求也非常高，入口处照明明亮，能有效吸引顾客进入店铺。如URBAN REVIVO（简称UR，图5-4）和唐狮（图5-5）两个快时尚品牌，店铺装修整体大气时尚，带有扩散照明效果的灯光，无不凸显购物环境的时尚典雅。

（3）货架照明。货架的照明灯具应有很好的显色性，中、高档服装专卖店应该采用一些重点照明，可以用射灯或在货架中采用嵌入式或悬挂式直管荧光灯具进行局部照明。对于一些平面性较强、层次较丰富、细节较多、需要清晰展示各个部位的展品来说，应减少投影或弱化阴影，可利用方向性不明显的漫射照明或交叉性照明来消除阴影造成的干扰。有些服装需要突出立体感，可以用侧光来进行组合照射。

图5-4　UR店铺入口灯光

图5-5　唐狮店铺入口灯光

　　图5-6所示为两张货架照明的照片，灯光不同，营造的氛围也有所区别。图5-6（1）中，店铺货架灯光带嵌在层板里，给人营造的是清爽明朗的感觉；图5-6（2）中，货架用纯色背景和霓虹灯配合，加上颜色对比度高的商品主体，有很强的吸引眼球的效果，带给人妖娆妩媚的感觉。

（1）　　　　　　　　　　　　　（2）

图5-6　货架照明实例

图5-7　某品牌试衣间灯光

（4）试衣区照明。试衣区的灯光设置是经常被忽视的地方，因为试衣区没有绝对的分界线，所以通常会将试衣区的灯光纳入卖场的基础照明中。因此，经常会发现试衣区的镜子前灯光往往亮度不足，影响顾客的购买情绪。重视试衣区的灯光设计是十分重要的，对试衣区的灯光有如下要求：色彩的还原性要好，因为顾客是在这里观看服装的色彩效果；为了使顾客的肤色显得更好看，可以适当采用色温低的光源，使色彩稍偏红色；没有布置试衣镜的试衣室灯光照度可以低一些，显得更温馨；试衣镜前的灯光要避免眩光（图5-7）。

四、服装店铺照明规划

灯光的运用是一个系统工程，灯光在店铺中的运用可以从三方面考虑：品牌风格、装潢技术与卖场本身的结构。这里要着重说明的是，光的作用不仅是把某个空间照亮这么简单，更重要的是要突出服饰本身及制造氛围。因此，服饰的种类和预期效果是卖场设计师首先要考虑的要素。具体到应用层面，可将照明分为以下三种类型。

1. 基础照明

基础照明主要是为了使整体店铺内的光线形成延展，同时使店内色调保持统一，从而保证店铺内的基本照明。其中，主要运用模式有嵌入式照明（如地灯、屋顶筒灯）和直接吸顶式照明两种方案。图5-8为地素品牌店铺，内部的光线很明亮，整个店铺在灯光的烘托下，显得更加大气。

图5-8　地素卖场整体照明

2. 重点照明

对于流行款及主打款产品而言，应用重点照明十分重要。重点照明不仅可以使产品具有一种立体效果，同时光影的强烈对比也有利于突出产品的特色（图5-9）。当然，重点照明还可以运用于橱窗、Logo、品牌代言人及店内人体模型的身上，用于增强品牌独特的效果。至于设备方面，常用的器材主要为射灯与壁灯。

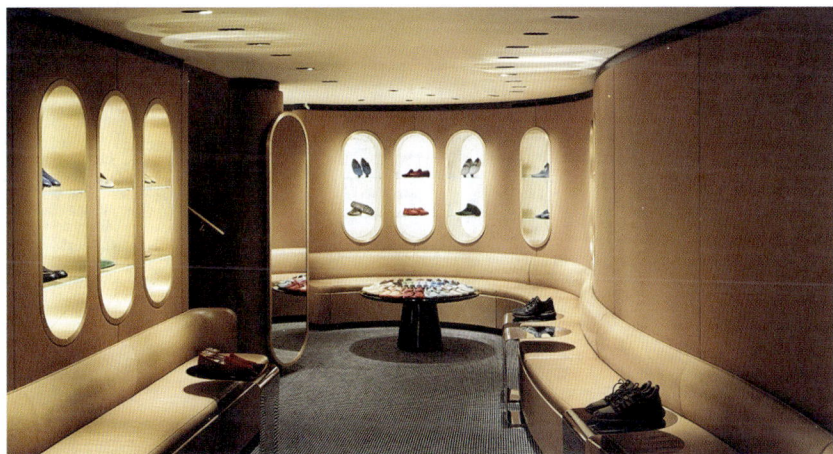

图5-9　重点照明

3. 辅助照明

辅助照明的主要作用在于突出店内色彩层次，渲染五彩斑斓的气氛与视觉效果，增强产品的吸引力与感染力。辅助照明可用设备较多，在此不再赘述。

服装店铺内各区域的功能有很大的区别，如店门主要起到吸引顾客进店的作用；橱窗主要起到展示和广告的作用等。因此，不同区域的照明强度存在不同的要求，如图5-10所示。

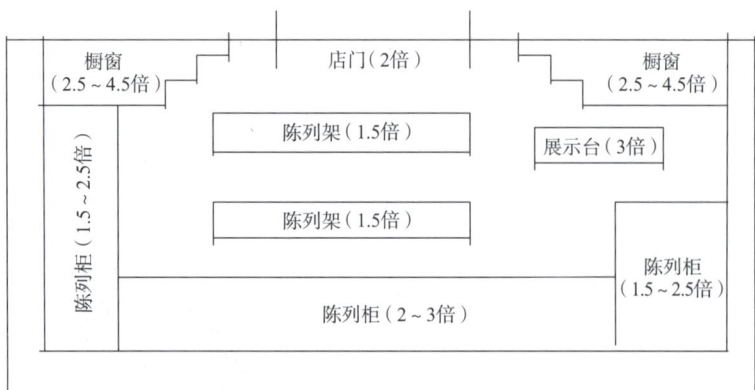

图5-10　商店照明设备规划与效果图

注：假设店内平均照明度为1，超过1表示特别加强照明之处。

图5-11为一个男士正装店铺的整体照明规划实例，该店铺的照明设计简洁、大方，符合男士正装的庄重感，选择的灯具比较简单，在满足基本照明的情况下，在高柜、货架等部位采用了增加灯光亮度等方式来突出展示商品，整体风格朴实而不失庄重。

图5-11　男士正装店铺整体照明规划实例

当然，除了人造光源外，随时间改变而流转的自然光、映射在商品表面的光的质量、光线本身的明显色调与彩色再现率也非常重要。所以，只有在系统地考虑到光所产生的各种效果后，对各种光源进行调节与应用，才能保证光线始终渲染店铺氛围，突出展示商品、增强陈列的效果。

任务二　卖场色彩设计

消费者进入服装店铺首先感觉到的是色彩，店铺内的色彩设计是店铺氛围设计的头等大事。色彩与品牌、室内环境、服装风格等息息相关。有效的色彩设计能够使顾客从踏入店门起便感受到服装品牌独有的魅力与个性，使顾客的感性认知得到升华，最终调动其购买欲望。

一、色彩运用的原则

商店在色彩的运用中，要考虑以下四个原则。

（1）适时。指颜色要适合商品销售的季节。

（2）适品。指商店的装饰色应该与商品相协调，不应造成不和谐之感。

（3）适所。指店内色调应与商店风格相一致，否则将影响商店的形象。

（4）适人。指充分考虑目标顾客对色彩的偏好和敏感程度。

二、色彩的不同含义

一般说来，顾客在卖场中对色彩的感受有以下四点。

1. **色彩能造成空间感与重量感**

色彩的柔和与绚丽能够强化或减弱卖场的空间感与重量感，比如使墙壁光鲜明亮，会使人感觉到青春与活力（图5-12）；而厚重的色彩则会使人感觉到稳定与庄重，较适合典雅、大气的服饰品牌。

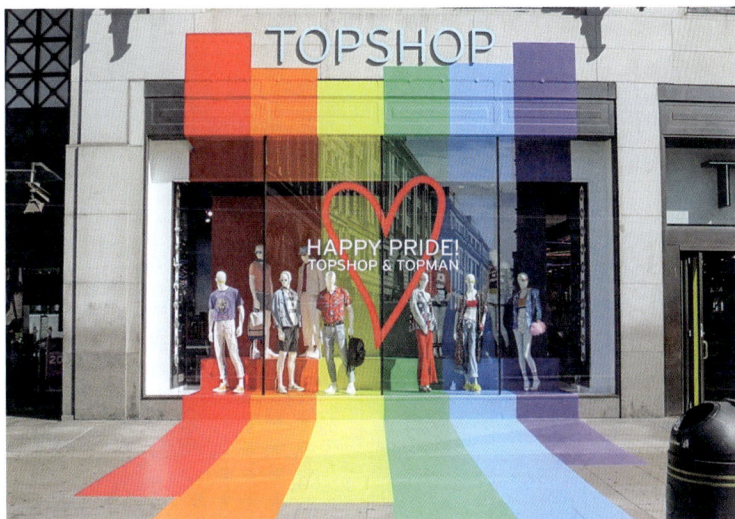

图5-12　彩色营造富有青春气息的氛围

一般来说，亮丽的色彩可以让顾客很快陶醉，并激发年轻爱美女性的兴趣，但是需要说明的是，天花板、地板、货架及店内广告的色彩最好能够保证协调，同时色彩不要杂乱才能使人感到清爽。厚重的色彩，要做到浓淡结合，否则过于压抑会使人感到沉闷，抑制购买情绪。具体到应用范畴，亮丽的色彩适合青春女装，而厚重的色彩则适合男装与正装。

2. 色彩造成的冷暖错觉

作为色彩的类别，按照各种颜色对人们造成的不同感受常分为暖色调、冷色调和中间色调。暖色调主要有红色、黄色和橙色，冷色调有蓝色、绿色和紫色，灰色、黑色、白色为中间色。暖色调给人一种舒适、随意的感觉，冷色调给人一种比较严肃、正式的感觉，使人不太容易接近。但只要应用得当，冷、暖色调均可创造出诱人的商业氛围。

人们看到暖色调色彩，会联想到阳光、火等景物，产生热烈、欢乐、温暖、开朗、活跃等情感反应。见到冷色调颜色，会使人联想到海洋、冰雪、青山、碧水、蓝天等景物，产生宁静、清凉、深远、悲哀等情感反应。但是，仔细品味，其实冷暖色调中又能细分。其中，冷色调的颜色，又分为庄重冷与活力冷两种。例如，青紫色、青蓝色等色彩能使人感到庄重与稳定，而亮蓝与亮绿等色彩则会使人感到朝气蓬勃，较适合一些时尚品牌。暖色调的颜色也可分为热烈暖与温情暖两种。例如，酱红色的墙壁，会使卖场充满媚惑与热烈，而黄色与橙色的墙壁则让人感到温馨与浪漫。

所以，根据冷暖色调的作用，经营者需要细致了解自身品牌所诠释的含义及服装的风格，最终结合色彩来设计卖场氛围（表5-2）。

红色是一种比较刺激的色彩，在使用过程中必须小心谨慎，它一般只用作强调色而不是基本的背景颜色，红色作为一种用于重点特定部位的颜色，其效果往往不错。在元旦或春节及其他重要节日，红色是一种非常合适的展示色。

黄色同红色一样，也非常惹眼，并且容易造成视觉上的逼近感。在一些背景光彩较为暗淡的墙壁、标记等区域可以运用黄色。另外，黄色也被认为是一种属于儿童用品的颜色，所以在婴儿装饰或儿童服装卖场常用到黄色。

橙色是一种比较特殊的颜色，主要是因为这种颜色的亮度同其他颜色的不协调性，它常常代表秋季，丰收的时节。

蓝色常常与苍凉蔚蓝的天空和平静湛蓝的大海联系在一起。通过添加蓝色能够创造出一种恬静、极为放松的购物环境。蓝色常被用作一种基本的色调，尤其是在男装卖场，代表一种深沉的力量。

绿色表示清新的春天以及平静安详的大自然。许多人认为绿色是一种最能被大众广泛接受的颜色。另外绿色的空阔感较强，能让较小的地区显得更为宽阔。

紫色在门店内景用得较少，一般只做局部的点缀效果，不做大面积运用。

3. 色彩组合可以起到不同的效果

色彩的不同组合，可以表现出不同的情感和气氛。为了表明"和谐美丽"，可以用红与白、黑与白、蓝与白等组合。而要表现"优雅与稳重"，则可用同色不同深浅的颜色组合，如紫蓝色与浅蓝色、深褐色与浅褐色、绿色与浅白绿色、黄色与浅驼色等。另外，色彩的对比与组合不同，商品及广告文字的醒目程度也不同。

表5-2　颜色的含义

颜色名称	具有的感觉色彩
红色	热情、活泼，是进取性和积极的颜色，给人以"高级"的印象。中国认为红色是喜庆和吉祥，通常在节日或喜庆的日子里人们都爱用红色
橙色	活泼、年轻、富贵
黄色	明亮、年轻，在商店内使用，由于有刺激视觉的作用，会使顾客感到疲劳，少量使用，不要用于主色
褐色	保守、消极，容易被信赖。其中，茶色、咖啡色、巧克力色给人以强烈的活动之感，总的说来，素净的严肃颜色用于外观较理想
绿色	新鲜、年轻，是疲劳时希望看到的颜色，同时，使人感到放松、协调、健全、温和，具有家庭气息。其中浅绿色最适合商店内使用
青色	理智、安静、清洁，也有人称为"服从色"
紫色	优雅、高贵、稳重，是一种多层次和具有复杂含义的颜色，它结合了红色的热情和蓝色的冷静，既能表达浪漫、灵性、胆识和勇气，又可以表达忧郁、悲伤和孤独等情绪
粉红色	华丽、年轻、明朗，也被称为"愿望色"，是人们在有所要求的时候喜欢的颜色
灰色	沉静，是一种稳重的颜色
黑色	严肃、坚强、认真、刚健
白色	神圣、洁白、清洁。商店内的墙壁，顶棚经常使用，但易给人以苍白感和冷静感

如图5-13所示，为路易威登在纽约开设的"霓虹绿"主题的快闪店，店内完全覆盖着霓虹绿色，并装饰有设计感的家具和人物雕塑，营造了充满个性的氛围，引来无数顾客打卡。

图5-13　具有鲜明个性特征的氛围设计

4. 色彩对卖场空间的视觉影响

对于狭长的店堂，把两侧墙壁涂成冷色，里面的墙壁涂成暖色，就能给人以店堂宽敞的印象。相反，对于浅短的店堂，把两侧的墙壁涂成暖色，把里面的墙壁涂成冷色，能给人以店堂变大的印象。

色泽的亮度会在一定程度上让人对一些实物的大小形成错觉，明亮的颜色能使人感觉到实物的硬度，而暗色则让人感觉较为柔软。

☞ 知识链接：色彩与Logo的搭配

色彩与环境的影响主要是指通过卖场外围的色彩和品牌Logo色彩的对比吸引消费者。国际品牌在卖场外围的色彩设计上比较大气，色彩比较统一，以暗灰色为主调，而硕大的品牌Logo与外围的色彩对比之后，品牌标示性作用非常明显。

要从卖场内的色调来考虑色彩与环境。色调是一个品牌个性的表述，不同的色调彰显不同的品牌个性。如华丽的色调给人高贵、奢侈的感觉，适合高贵气质的奢侈品牌；朴实的色调则给人自然、稳重的感觉，适合休闲、商务类的男装品牌；明快的色调给人轻松、自然的感觉，适合运动、休闲、年轻的男装品牌；深重的色调则给人稳重、神秘、严肃的感觉，适合个性、商务的男装品牌。另外暖色调给人以兴奋、热烈、刺激；冷色调则呈现出宁静的氛围。

以下是一些服装店铺色彩和灯光方面的搭配图，请在鉴赏的同时分析和比较他们在色彩、灯光等方面对卖场氛围和顾客体验所带来的作用。

如图5-14所示，伊迪索（INITIAL）品牌店面的整体色调有些灰暗，走进里面，沉静的色调和外面形象十分一致，天花板上挂着的纸灯笼呈现出东方复古的感觉。

图5-14 伊迪索店铺氛围营造

图5-15和图5-16是两个不同风格的门店设计，图5-15展现了青春靓丽的风格，大面积粉色和紫色系的使用，让门店的氛围更加明亮。图5-16是HARVEY NICHOLS的橱窗灯光和色彩设计，该橱窗的灯光融入道具中，打造出了不同的光影，人体模型具有造型感的组合让橱窗更具艺术性。

图5-15　某青春时尚品牌店铺氛围营造

图5-16　HARVEY NICHOLS橱窗灯光和色彩设计

任务三　POP设计

POP（Point of Purchase）意为卖点广告，是指在出售商品的卖场内外或者消费者购买商品现场进行的广告活动。相对于大众媒体广告针对不是特定消费者的特点，POP可以说是在销售现场针对具有购买欲望或有潜在购买可能性的消费者的一种与销售相关的直接广告。

POP广告首先是由美国在1930年前后使用的，当时在美国卖香烟的店铺前都放置一座印第安人雕像，作为吸引招徕顾客的标志。现代各种营销活动和各种传媒广告，最终都归结到销售场所，因而售卖点广告又被解释为"终点广告"。

在现实生活中，人们对POP广告的认识比较简单。谈到POP广告人们一般会想到在购买场所设置的展销专柜，或悬挂、张贴于卖场的海报和宣传画，甚至还有不少人将宣传画或海报直接称为POP。其实POP广告是一个相当广泛的营销传播形式。凡是购买场所出现的、有助于经营者和消费者进行沟通的广告物和广告行为都可以纳入POP广告的范畴。

一、POP的作用

POP广告作为销售活动的辅助手段，能在消费者想要选择购买商品的时候，引发其好奇心，使其选择该商品，同时通过减价、打折等方式营造一种火爆销售气氛。

因为POP广告的形式、结构、设计不同，所以POP广告能以悬挂、堆放、粘贴、放置走道旁或店铺的任何地点陈列展示，但不管形式如何，POP广告永远在对消费大众说："就是这里！就是现在！买它吧！"陈列于商场内外的POP广告，对经营者而言，是传播讯息、促销商品；是重视消费者感受与需求的渠道，并且成功扮演销售员的角色，减少店铺在人力、财物方面的额外支出。POP的功能有以下四点。

（1）POP广告直接展示于终端，直接作用于消费者，所以有人将POP广告称为"最后接触的媒体"。它是唯一集广告、产品、消费者于一身的媒介，它帮助品牌占据终端的话语权，掌握销售现场的主动权，并将顾客潜在的购买意识变为直接的购买行为，这是其他形式的广告所不具备的特殊功能。

（2）POP广告凭借其在终端上的使用优势，无形延伸了电视、报纸、广播等线上广告的周期，起到以点到线，带动整个终端，表现出立体化的传播效果。

（3）POP广告在购物状态下直接作用于受众者，重复的视听轰炸加强了受众者的印象，温馨的购物环境加深了受众者的情感反应，这无疑加强了受众者对品牌的忠诚度，提高了品牌的重复率和回忆率。相对于单一的视听广告而言，无疑具有更大的优势。

（4）POP广告可因时、因地制宜，采取不同的广告主题，传播不同的内容，达到"量身定制"的差异化传播效果。同时相对于资金投入大的电视广告而言，POP广告能以较少的投入，达到较好的效果，性价比高。

二、POP的特点

POP广告以上的功能决定了POP广告具有以下特点。

（1）时效性强，必须紧随商家的计划随时进行变化。

（2）形式美观，能足够吸引顾客的注意力。

（3）富于创意，真正起到刺激消费者购买冲动的目的。

（4）成本低廉，只有低廉的成本才不会影响POP的大量应用。

三、服装POP广告

服装POP广告是POP广告的类属领域，即在服装类商业空间、购买场所、零售商店的周围和内部，为宣传服装、吸引消费者、增强消费者对产品的了解度从而引发消费者的购买欲望和购买行为的一切广告活动都统称为服装POP广告。

广义的服装POP广告包含的广告形式众多，对于服装POP广告的分类方法也比较多，比如按照使用场所分、按照功能结构分、按照陈列方式分等。一般可将服装POP广告依照陈列位置和陈列方式分为以下四种形式。

1. 挂式服装POP广告

挂式服装POP广告一般出现在卖场门口、通道、卖场内设的展台、卖场内货架周围以及卖场内墙壁等处。此种广告形式可分为吊挂式和壁挂式两种，有平面和立体两种展示形式。挂式服装POP广告的各种形式及每种形式的特点如表5-3所示。

表5-3　挂式服装POP广告类型对比

类型	吊挂式服装POP广告		壁挂式服装TOP广告	
形式	吊旗式	吊挂式	平面式海报	其他形式
定义	商场内悬挂的旗帜式广告	立体式吊挂式广告	电脑制作海报和手绘海报	根据卖场的特点和目标顾客的需要而设计
特点	以平面的单体在空间中做有规律的重复，从而加深受众对商品的印象，加强广告信息的传递	以立体形象传递广告信息，加强广告的传播效果	广告提示性强、视觉冲击度高、受众认知度高、广告的传播效果大	展现服装品牌的创意风格，增加服装卖场的吸引力

挂式服装广告是服装POP广告的主要形式，其优势主要表现在以下五个方面。

（1）广告制作成本低，制作工艺简单。

（2）视觉效果强，可视程度高。

（3）可充分利用商场内除服装陈列及橱窗之外的剩余空间进行广告宣传。

（4）易于被广告受众者注意，广告传播效果显著。

（5）配合卖场的各类节庆及优惠活动，营造卖场气氛。

正是因为挂式服装POP广告具有上述优势，此类广告形式成为卖场和商家的首选，也成为卖场特色和创意的主要表现形式之一。

2. 橱窗式POP广告

橱窗式POP广告是服装POP广告的又一重要形式，它是服装卖场的门面，是消费者的视觉焦点，也是各家服装品牌展现创新性、差异性的最好展示场所，更是卖场吸引顾客驻足引导消费者产生购买行为的有效广告形式之一。橱窗式服装POP广告的类型及特点如表5-4所示。

表5-4　橱窗式服装POP广告的类型与特点

类型	封闭式橱窗POP广告	敞开式橱窗POP广告	半敞开式橱窗POP广告
适用区域	较大型的服装卖场	大小型服装卖场都适用，尤其适合小型服装卖场	大小型服装卖场的入口和出口处
特点	A.与卖场空间隔离，形成相对独立的橱窗空间 B.便于橱窗整体氛围的营造，讲究照明、陈列等方式的配合与创意	A.属于店内空间的一部分 B.延伸店内空间，顾客可以通过橱窗广告，也可以透过橱窗看到店内服装展示	选择卖场入口或入口处空间的一半作为橱窗空间，用半透明的材料将橱窗与店内主体空间相区隔开

图5-17为太平鸟品牌的橱窗，两幅大面积的撞色POP广告，非常抢眼的红色和黄色，红白、黄白的拼接十分醒目，远远地就能看到它，风格简约，富有ins风（Instagram上的图片风格）。

图5-17　橱窗式POP

3. 柜台式POP广告——服装POP广告组合

柜台式POP广告一般是将展示的宣传册及物品小样等摆放在柜台或者柜台旁边的展示架

上。柜台式服装POP广告主要为人体模型穿着本季服装的展示画册、新品服装推广画册、服装品牌及服装生产企业简介等，一般摆放在卖场收银台旁边或者卖场内独立设置的展示架上。这种POP广告的目的在于推广已上市或即将上市的新一季服装或者店内热销服装。柜台式服装POP广告画册的页数较少，方便顾客携带，并通过顾客之间的接触将广告传播出去。

4. 展示式POP广告——服装店内服饰陈列

展示式POP广告是服装POP广告的特有形式，即服装卖场内的服饰陈列方式、服装卖场灯光、色彩及整体营造的氛围成为介绍服装产品、吸引顾客的一种广告形式。此种类型广告必须配合服装的整体定位，使陈列方式、灯光、色彩等元素与服装的某些元素融合。而且通过营造整体气氛或者某种独特的展示方式给顾客带来深刻印象，吸引消费者驻足甚至购买。

四、POP广告在服装店铺销售中的趋势

因为POP广告有着其他广告不可替代的优势，越来越多的企业将POP广告纳入CI战略，越来越多的研究者开始关注POP广告，POP广告的创新步伐明显加快。尤其在服装行业，POP广告更是呈现出一些新的发展态势。

1. 内容诉求上从强调产品功能到突出品牌形象转变

服装作为人们生活的必需品，一般情况下消费还是停留在功能消费上，价格、款式、舒适度、售后服务等因素是影响其销售的主要因素。现在的服装品牌开始改变前几年惯用的突出产品功能、品质的方法，而是更多地强调品牌形象及品牌内涵。

以下是我国几个服装品牌POP广告的主题：

（1）李宁：一切皆有可能（Everything is possible）。

（2）鸿星尔克：To be NO.1。

（3）雅戈尔：世界有你，更加精彩。

（4）美特斯·邦威：不走寻常路。

（5）利朗男装：简约而不简单。

从POP广告的内容表现上，我们可以看出这些品牌都没有强调产品特性，而是转向传递一种品牌观念，塑造一种与众不同的品牌形象。如美特斯·邦威对与众不同的追求，利朗对简约风格的诠释等。

2. 制作方式上从单一媒介向多媒体媒介转变

在相当长的一段时间内，POP广告一度将报纸作为主要媒介，但随着科技的日新月异，POP广告的存在形态发生了巨大的变化。虽然平面媒体仍占主导地位，但同时，一批新的媒介加入传统的POP广告行列，改变了它的面貌。不少销售服装的专卖店都将企业专题片或形象广告或时尚发布会广告运用于大堂液晶电视或投影仪，向顾客赠送新颖别致的促销品和宣传手册等，方式很多样化。

3. 发布策略上整体化和系列化趋势明显

POP广告不再为临时发布促销信息而存在，而成为塑造品牌形象不可或缺的工具。因此，POP广告的信息传达上，临时性"广而告之"式的内容明显减少，而长期性的"自我展示"的内容明显增多。

4. 与产品配合上从静态展示向动态促销转变

与其他媒体广告相比，POP广告极容易与产品配合，使演示生动化，并且还可以产生动态的效果。例如，有的服装专卖店就利用面向大街的大面积橱窗，请来模特现场走秀，具有很好的视觉冲击力。

5. 与受众接触上从内涵向外延式扩张转变

现在大多数品牌的宣传不再局限于卖场，而是将POP广告不断外延，将店铺形象延伸到店外。例如店铺外面巨大的临近街道的众多灯箱广告等，都是在吸引顾客的视线。

6. 广告管理上从内容管理向氛围管理转变

传统的POP广告管理一般只强调广告画面是否美观、是否平整干净等，随着POP广告告别了单纯的画面效果，更多地整合了声音、气味、服饰、陈列等综合因素，不仅强调"眼睛的感觉"，更注重"鼻子的感觉""整体的感觉"，追求一种氛围。现在的服装销售已不仅仅是在卖衣服，而是在塑造生活方式、塑造品位、营销感觉。服装仅仅是该种生活品位的外在表象而已。随着体验经济时代的来临，销售氛围是让顾客产生兴趣、欲望乃至产生购买冲动的关键因素。

7. 广告媒介的新材质使其表现效果丰富多彩

POP广告使用的材质不断更新，如近几年在广告市场大出风头的亚克力，俗称特殊处理有机玻璃，就是其中一种。由于这种材料具有优异的柔韧性及透光性，在制作上可随意成型，并可体现空间层次凹凸的效果，且制作成本低廉，逐步成为国内室内外广告形式的首选。在POP展示台方面，钢架与亚克力组合展示系统、亚克力陈列盒、网格式空间展架及促销台、易拉式挂画等，将玻璃纤维支架、写真喷绘、丝网印刷等工艺融为一体，具有以往传统方式所难以企及的感染力和冲击力。

网页设计、动画设计及数码设计的快速发展，也使得POP广告有了更多的传播渠道，特别是随着技术的逐渐成熟，网上购买、定制服装将逐渐成为新的销售形式，服装企业的销售网页设计对POP广告也提出了更多新要求。

知识链接：POP广告的起源及手绘POP广告的注意事项

POP广告起源于美国的超级市场和自助商店的店头广告。1939年，美国POP广告协会成立，自此POP广告获得正式的地位。

20世纪30年代以后，POP广告在超级市场、连锁店等自助式商店频繁出现，于是逐渐为商界所重视。60年代以后，超级市场这种自助式销售方式由美国逐渐扩展到世界各地，所以POP广告也随之走向世界各地。

POP广告只是一个称谓，但是就其形式来看，在我国古代，酒店外面挂的酒葫芦、酒旗；饭店外面挂的幌子；客栈外面悬挂的幡帜；药店门口挂的药葫芦、膏药或画的人丹；逢年过节和遇有喜庆之事的张灯结彩等，都可谓POP广告的鼻祖。

POP广告的制作方式、方法很多，材料种类不胜枚举，但以手绘POP最具机动性、经济性和亲和性。手绘POP广告的制作基本原则为：容易引人注目，容易阅读，一看便知诉求重点，具有美感，有个性，具有统一感和协调感，有效率。

手绘POP广告必须具备醒目、简洁、易懂三个基本要求。

首先是醒目。为了让手绘POP广告醒目，应该从用纸的大小和颜色上想办法。在卖场中都会陈列着各种大小不同颜色各异的商品。在这个五光十色的环境中，如果将全部的手绘POP广告都统一使用白纸制作，不易引起顾客的特别注意，使用不同颜色的纸制作手绘POP广告，才会收到不同的效果。

顾客对不同颜色有不同的感觉，黄色给顾客一种价格便宜的感觉，淡粉色和橘黄色的效果不错。而与冷色系相比，顾客更喜欢暖色系。

另外，手绘POP广告用纸的面积还应该根据商品的大小、书写的内容而确定。对于成堆摆放的特价商品，应该采用大型的手绘POP广告，而对于货架摆放的小型商品，在制作手绘POP广告时则要注意用纸面积不能太大，以免将商品挡住。

其次是简洁。手绘POP广告不可能无限放大，因此如何将想要宣传的内容全部准确地表达出来就是个问题。虽然传达给顾客的信息越详细越好，但是如果将很多的内容用很小的字写在POP广告上，顾客会看不清，很可能索性就不看了。出于这样的考虑，应该尽量将商品的特点总结成条目，但不宜过多，至多三条。手绘POP广告是吸引顾客注意商品的手段，将商品的特点总结成条目，便于顾客阅读，使顾客更快地了解商品。

手绘POP广告用的颜色，应该控制在三种以内，如果字体的颜色太多，反而会令顾客眼花缭乱，不容易看清。

最后是易懂。介绍商品的语言要让顾客一目了然，不能含混晦涩。

任务四　店铺内音乐设计与气味营造

在购物环境中，店堂音乐是影响消费者购物感受的一个重要因素。卖场背景音乐的编排与设计能直接体现品牌文化与品牌定位，从而对消费者是否停下脚步进店选购起着推动或阻碍作用。音乐具有极大的情绪感染力和情感传达功能，在一个高雅或是清新的服装卖场里，消费者如果能听到与卖场及服装货品风格相同、情调一致的音乐，通常会感到非常惬意，自然就会多停留一些时间，这对于卖场的意义是非常大的。即使消费者并没有购物，但音乐留下的印象会极其深刻，这会帮助他们很好地认识并记住卖场以及品牌和服装货品，成为潜在的顾客。

音乐具有强大的营造气氛的能力，适合的音乐会极大地增强店铺的吸引力，也能增加顾客的购买欲望。

一、音乐的作用

音乐是创造店铺气氛的有效途径，它影响着消费者情绪和营业员的工作态度。音响运用适当，可以达到以下效果。

（1）吸引顾客对商品的注意，如电视、音响的播放。

（2）指导顾客选购商品，商场向顾客播放商品展销、优惠出售等信息，可引导顾客选购。

（3）营造特殊氛围，促进商品销售。不同的时段，在服装店铺播放不同的背景音乐，不仅给顾客以轻松、愉快的感受，还会刺激顾客的购物兴趣。

（4）疏解顾客情绪。商场内有各种声音，并不是都会对营业环境产生积极影响，也会有一些噪声，都可能使顾客感到厌烦，有些虽然可以采用消音、隔音设备，但不能保证消除所有干扰声响，因此，可以采用背景音乐缓解噪声。

（5）缓解员工疲劳。员工长时间的工作难免会出现疲劳，适宜的音乐可以有效地缓解员工疲劳，让员工以最佳的状态面对顾客。

二、背景音乐设计的注意事项

音乐对店铺氛围会产生积极的作用，也可能产生消极的作用。音乐的合理设置会给店铺带来好的气氛，而噪声则使店铺产生不愉快的气氛。使用音乐营造店铺气氛时，必须对乐曲进行细心地挑选，使之与目标顾客的爱好相符。此外，音乐播放的时间和强度，也应加以考虑，因为任何一首优美的乐曲，如果长时间连续播放会使人感到厌倦，尤其是节奏感强的流行音乐，如果播放的方式不合理就会使人烦躁不安。因此，在选择背景音乐时一定要注意以下四点。

1. 体现品牌特点

服装店铺背景音乐的选择一定要结合店铺的特点和顾客品位，以形成一定的店内风格。

应根据店内色调及服饰特点来选择背景音乐。有些品牌店内会装上LED显示屏，通过大屏幕向顾客播放一些品牌的时装秀、品牌的历史文化和设计师的介绍等，让顾客充分感受卖场的文化氛围，凸显品牌的特点，这也是一种视听结合的方式。

2. 控制音量高低

背景音乐既不能影响顾客与店员之间的交流，又不能被店内的其他噪声淹没。店员在接待消费者时的声音音量要控制得周到，轻柔地交谈，让顾客能体会到该品牌丰富的内涵，而其不紧不慢地介绍产品的水平非常专业，加上恰当优雅的背景音乐，一份宾至如归和对该品牌崇敬的感觉便会欣然而至。此时，顾客也会不由自主地压低询问的语调，形成和谐的购买场面。

年轻时尚品牌的店员大多会紧随消费者，不断地介绍产品的特点，通常背景音乐的选择也是激动人心的、快节奏旋律的音乐，让消费者有一种加快节奏决定买与不买的欲望。

3. 播放适时适度

如果音乐给顾客的印象过于嘈杂，使顾客产生不适感或注意力被分散，甚至厌烦，不仅达不到预期效果，反而会适得其反。

4. 乐曲选择适应顾客心态

在炎热的夏季，店铺内最好播放舒缓悠扬的乐曲，能使顾客在炎热中感受到清新和舒适。在店铺进行大型促销时，可以播放一些节奏较快、旋律较强劲的乐曲，激发顾客的冲动性购买欲望。

三、音乐在不同类型服装店铺的应用

对于应用层面而言，在选择音乐的类型时，要考虑所展示服饰类型和店内色调及产品特点。

流行服饰专卖店应以流行且节奏感强的音乐为主；童装店则可播放一些欢快的儿歌；高档服饰店为了表现其优雅和高档，可选择轻音乐；复古情调的服装店铺可以选择古典音乐；正装及职业装店铺可以播放舒缓休闲的音乐；卖场热卖时，配以热情、节奏感强的音乐，会使顾客产生购买冲动。

据相关试验表明，背景音乐跳跃性强的流行歌曲比柔和音乐更具穿透性，消费者在进店后，步伐、挑选服装的频率在节奏性强的音乐中要比播放柔缓的乐曲时快上2~3倍，但不利于消费者对品牌、产品的了解，因此，卖场内还可以通过视频对企业形象及产品播放短片广告，加深消费者对品牌的了解。

四、气味与店铺氛围营造

店铺的气味对创造店铺氛围及最大限度地获取销售额来说，也是至关重要的。和声音一样，气味也有积极的一面和消极的一面，清新的气味使顾客有积极的心理反应，能引起顾客兴趣，刺激顾客购买；过于浓重的气味会使人反感，顾客会避而远之。

1. 店外气味

店外气味一般包括公路上的车辆往来的汽油味、路面的沥青味及邻店的气味等。路面上的气味无法人为地消除，只能尽量避免将店铺远离马路，而且要在店内适当地使用空气清新剂。邻店的气味会对本店的气味产生很大的影响，不良的气味会使人不愉快。服饰店铺要注意邻店的气味，如果邻店是花店，清香味飘到店中，会使顾客感到神清气爽，促进购买的心情；如果邻店是个门诊部，浓烈的药品味飘到店中，会让人有不好的联想，对于服饰的购买也会有排斥心理。

2. 店内气味

店内气味是至关重要的，进入店铺有好的气味会使顾客心情愉快。服饰店内的新衣服会有纤维的味道，如果店中无其他异味，只有这种纤维味，则是积极的味道，它与店铺本身是协调的，会使顾客联想到服饰，从而产生购买欲望；在店中喷洒适当的香水或清新剂有时也是必要的，有利于除去异味，也可以使顾客心情舒畅。但要注意，在喷香水或清新剂时不能用量过多，否则会使人反感，要注意香味的浓度与顾客嗅觉上限相适应。

香奈儿门店里用得最多的就是经典的香奈儿5号香水，植物鲜花型气味营造出优雅的氛围。

店内一些不好的气味会使顾客反感，对于这些气味要多加注意。由于客流量大，在店内有时会产生汗臭味，这就很不利于顾客的购买行为，要采取好的通风设备，以驱除异味；新装修的店铺内，装饰材料散发的涂料等气味也会使顾客对店铺望而却步。例如童装店，有的家长会带着孩子一起进店购买，如果店铺内有油漆味，家长肯定不会带着孩子在这里久留，潜在的销售额也有可能因为不良的味道付诸东流。

为了消除店铺内的不良气味，可以采取一些方法，如合理进行卖场的通风设计、采用空气过滤设备、定期释放一些芳香气味及保持店铺的干净、整洁等。

图5-18在歌莉娅（GLORIA）门店，能看到整个区域的鲜花绿植，不仅让门店显得更加醒目，店里的气味也能让顾客放松情绪。

图5-18　歌莉娅门店

☞ **课外拓展**

实训项目：对比两家服装店铺的陈列氛围营造

任务解析

（1）实训目的：通过对两家服装门店的考察，加深对服装门店环境设计和氛围营造内容的理解，并写出考察报告，内容包括对比两家服装门店的做法及点评。

（2）实训要求：学生4~6人组成一组，做好小组分工，协同调查。

（3）实训操作：

①由小组成员自由选择本地具有代表性的两家服装门店进行考察。学生最好能够带好拍摄工具，做好相关的录音和拍照记录，以辅助说明问题。

②小组成员团结协作，事前做好分工，做好计划，合理分配人力、物力。考察结束要及时总结，得出合理的结论。

（4）实训结果：写出一份分析报告并作汇报。

职业素养任务

（1）培养正确的美学观念，善于发现美、欣赏美、创造美和追求美。

（2）分析报告精益求精，提高分析和归纳能力。

（3）汇报时，将自己的观点、想法，用语言、文字、图形、表情和动作等形式清晰、明确地表达出来，让他人体会和理解。

项目六

奢侈品牌的陈列技巧

🌐 学习目标

1. 能力目标
（1）根据奢侈品牌的特点进行产品陈列设计。
（2）根据品牌的基因进行橱窗设计。
2. 知识目标
（1）了解奢侈品牌的品牌基因。
（2）掌握奢侈品的货品陈列特点。
（3）掌握奢侈品橱窗设计的特点。

◎ 导入案例

奢侈品牌橱窗设计引领潮流

之禾集团创立于 1997 年，总部位于上海，是一家拥有设计、制造、物流、零售及特许经营的全业务链时装企业。旗下拥有之禾、SILEX 等品牌，并于 2018 年收购法国知名品牌卡纷（CARVEN）。图 6-1 是之禾开设的第一家全球旗舰店，位于法国巴黎乔治五世大街 35 号独栋官邸，2019 年开业。秉承对历史建筑的敬意，该店保留了原建筑的历史风格与外貌，修缮了外立面、入口台阶与旋转楼梯，与富有历史气息的街区完美融合。作为历史建筑的延续，地面使用与外立面相似的

图6-1　之禾巴黎旗舰店橱窗设计

石灰石材质，墙壁与天花板也使用了同样材质的涂层，达到质感与色调的和谐统一。

之禾巴黎旗舰店没有传统意义上的橱窗，但在充满厚重历史感的灰色建筑中，从拱形窗户中透出温暖的灯光，将门店的风格尽显，起到了橱窗的效果。

爱马仕的橱窗陈列一直是奢侈品橱窗设计的经典范例。2015年，法国艺术组合 Zim & Zou 以伦敦自然历史博物馆为灵感，将爱马仕的店面设计融入其橱窗陈列中，打造出硕大的珍奇柜，将爱马仕的产品作为艺术品展出。该橱窗用了3个月时间完成，其主题以大自然为灵感。如图6-2所示，道具用亮色纸张和残余皮革手工制成。这些材料从法国各地奢侈品店铺收集而来，复杂的折纸效果为店面增添地方元素，整个橱窗色彩明艳，在饱和度略低的冬季，给人们带来一抹温暖热烈的感受。

品牌路易威登在拉斯维加斯的店铺利用镜子玩转视觉感知（图6-3）。吸睛夺目的视错觉能够吸引顾客的注意力，借助催眠的视觉效果，打造一种超现实主义的氛围。

通过以上的案例，可以看出奢侈品品牌每一季都花很大的力量和成本进行橱窗设计。橱窗是一个品牌和店铺吸引顾客的第一要素，用讲故事的方式设计橱窗并与品牌的定位和基因结合，是奢侈品品牌橱窗设计的一贯手法。

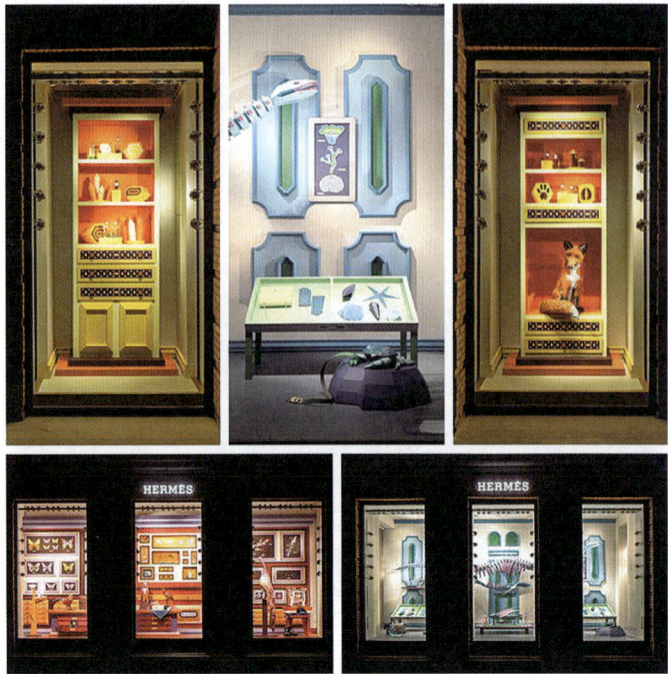

图6-2　爱马仕橱窗设计

图6-3　路易威登橱窗设计

任务描述

从奢侈品品牌每一季的橱窗主题变化，我们能够发现奢侈品橱窗设计的规律和对潮流的引领作用。橱窗设计涉及品牌基因、品牌历史、品牌每一季的产品故事，因此，奢侈品牌店铺陈列方式有不同于普通品牌的特定的属性。

知识准备

奢侈品牌是品牌等级分类中的最高等级品牌，具有较高的品牌地位和特定的消费群体。在商品分类里，与奢侈品相对应的是大众商品。奢侈品不仅提供使用价值的有形商品，更是提供高附加值的无形商品。对奢侈品牌而言，其无形价值往往高于可见价值。

奢侈品牌的基本要素包括超高的价格、卓越的品质、精美的工艺、满足消费者的心理需求、社会各阶层公认的顶级品牌几个方面。

在陈列上，奢侈品牌更专注于品牌标识以及如何使其脱颖而出，这可以使其更关注品牌的橱窗展示和使用的颜色，奢侈品牌会将品牌标识颜色添加到主要设计和店面的一些建筑元素中作为奢侈品的元素。而其他零售店铺的橱窗展示专注于展示物品和商品，以吸引更多消费者，并倾向于使用价格实惠和较低预算的设计。

任务一　奢侈品牌橱窗陈列类型

奢侈品牌橱窗设计分类跟大众品牌橱窗设计分类有些类似，橱窗的陈列形式通常取决于店铺，橱窗展示的主要类型有：开放式、封闭式、孤岛式、半封闭式和拐角式。

一、开放式橱窗陈列

博柏利的橱窗设计没有华丽背景，要么是开放式要么是玻璃或镜子，但是飞起的围巾这个创意就撑起了所有，如图6-4所示。

图6-4　博柏利开放式橱窗陈列

二、封闭式橱窗陈列

爱马仕每年都会在全球所有商店中采用相同的主题，图6-5中的主题概念是"追逐梦想"，彰显愿望、想象力以及创造力。封闭式橱窗中黄色、蓝色的昆虫化茧而出，勇敢地走出自己舒适的小笼子，展翅而飞。同时，毛毛虫已经为自己穿上了舒适的鞋子，打算迈出自己的第一步，大胆地去追逐自己的梦想。

图6-5　爱马仕封闭式橱窗陈列

三、孤岛式橱窗陈列

孤岛式橱窗需要较大的陈列空间，一般位于商场或品牌旗舰店，适合开放式的店铺，如独立区域的大型中岛店铺，需要考虑该区域360度的视觉效果（图6-6）。

图6-6　孤岛式橱窗陈列

四、半封闭式橱窗陈列

半封闭式橱窗融合了封闭式橱窗的结构，同时又兼具开放式的通畅感觉。这种类型的橱窗通常由部分屏幕或者相关设计图形组合构成，它覆盖了大部分视觉空间但通常两边都留有空间。

这类橱窗最大的特点是通过部分屏幕和背景图形成遮挡空间突出陈列最新的产品，透过这些背景或互动元素往往可以看到店内的情况（图6-7）。

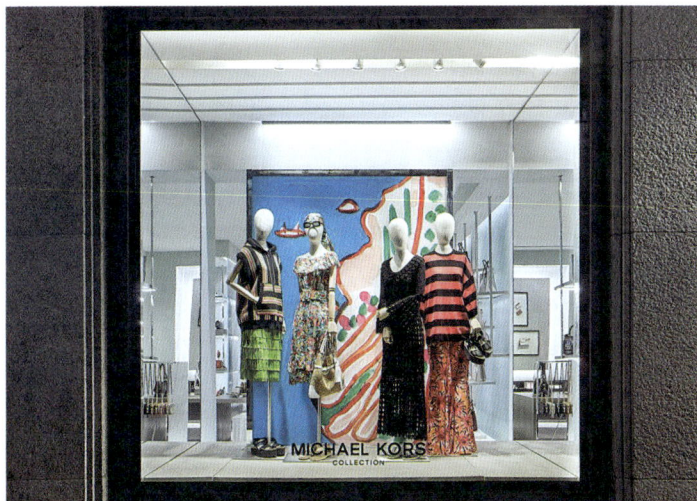

图 6-7 迈克高仕（MICHAEL KORS）半封闭式橱窗陈列

五、拐角式橱窗陈列

拐角式橱窗是设置在商店角落里的橱窗，目前零售商在拐角式橱窗陈列上也不断进行创新。从室内设计的角度来讲，传统的拐角式橱窗是一个比较棘手的商品销售区域，但通过角落橱窗展示，零售商可以在顾客走出商店时为其创造连续的视觉体验（图6-8）。

图6-8 香奈儿拐角式橱窗陈列

任务二　奢侈品牌的场景式橱窗陈列

目前，奢侈品牌橱窗设计中使用最多的就是"场景式橱窗"陈列，通过各种道具与背景的搭配组合，让顾客联想到某种场景，从而吸引顾客进店。

一、爱马仕的场景式橱窗陈列设计

爱马仕一贯运用品牌的标志色橘红色作为橱窗的主色调，图6-9的主题是"看不见的旅人"，用一系列组合橱窗来讲述主题故事。

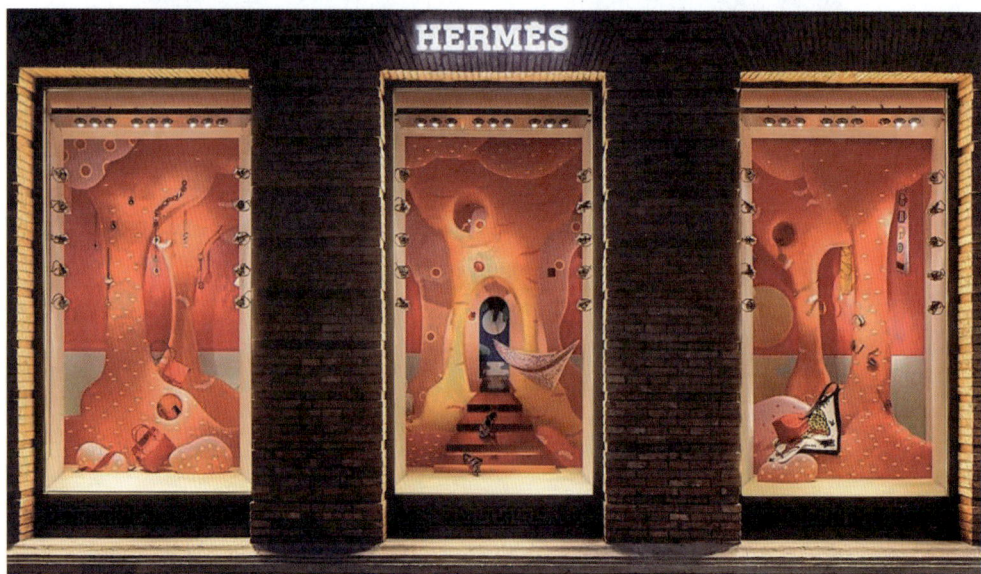

图6-9　爱马仕场景式橱窗陈列（1）

由浅入深的橘红色，层层叠叠，像极了傍晚时分被霞光笼罩着的世界。爱马仕就是用这样富有层次感的颜色和不规则的"石柱"来表现"黄昏时分的古老洞穴"（图6-10）。

在洞穴里恣意漫步的女性，不小心掉落的鞋子变成洞穴中一道梦幻又耐人寻味的景色（图6-11）。一处小小的细节，就将"看不见的旅人"这个主题完整地表达出来了。

暮色渐浓，这位"看不见的旅人"走出了古老的洞穴，映入眼帘的是静谧的月色。苍茫的暮色，美到让她情不自禁地沿着阶梯往下走（图6-12）。

走下阶梯，便看到朦胧的薄暮，海岛上的绿树，穿梭在绿叶中的点点繁星，一股脑地洒落在海面上。寂静，又美得如同梦境（图6-13）。

二、蒂芙尼的场景式橱窗陈列设计

爱马仕喜欢用橱窗去反映真实的世界，原始自然，而蒂芙尼则恰恰相反，喜欢创造故

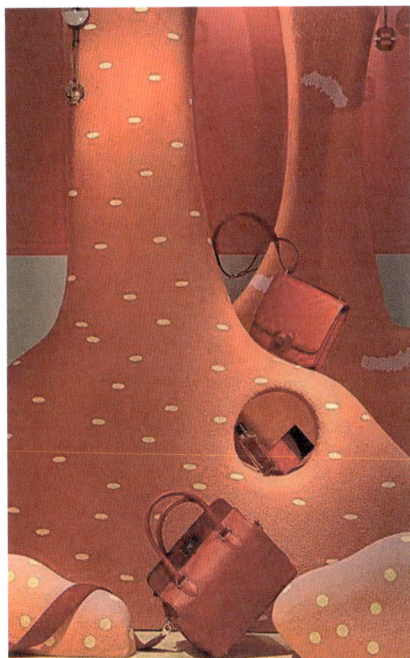

图6-10 爱马仕场景式橱窗陈列（2）

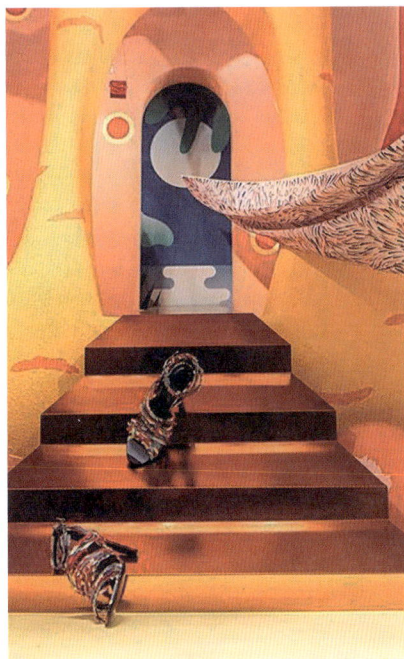

图6-11 爱马仕场景式橱窗陈列（3）

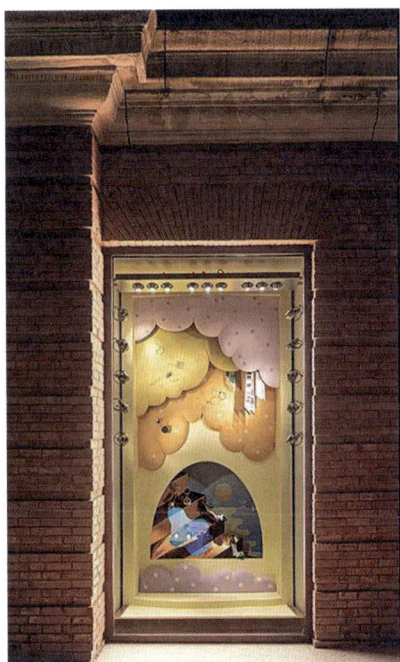

图6-12 爱马仕场景式橱窗陈列（4）

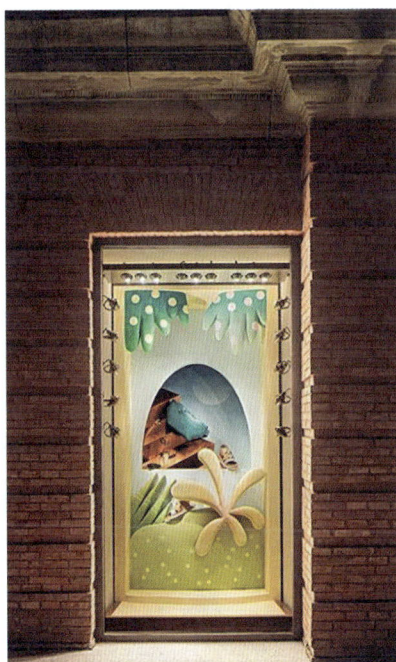

图6-13 爱马仕场景式橱窗陈列（5）

事——让人深陷其中，忘记现实进入童话故事。蒂芙尼也多运用品牌的标志色"蒂芙尼蓝"作为主色调进行场景式陈列设计，清新舒爽的颜色，再加上整个梦幻主题的设计，营造了一种超级梦幻的世界（图6-14）。

图6-14　蒂芙尼场景式橱窗陈列（1）

在图6-15中，蒂芙尼的节日橱窗里，用银色人偶和他们的吉祥机器人CL-T与老鼠Karl演绎了一场"蒂芙尼的奇幻之旅"。

银色人偶在为用蒂芙尼蓝色礼盒制作而成的机器人CL-T做最后的润色。一把凝聚着蒂芙尼能量的"Tiffany Keys"系列钥匙吊坠，将无限活力注入机器人CL-T，唤醒他沉睡的意识，与银色人偶一同踏上蒂芙尼节日季的旅途（图6-16）。

图6-15　蒂芙尼场景式橱窗陈列（2）

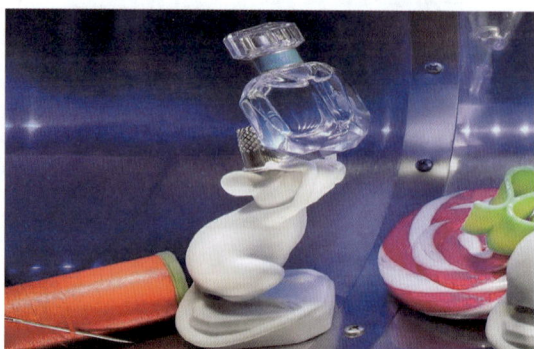

图6-16　蒂芙尼场景式橱窗陈列（3）

璀璨的礼物、美味可口的点心、芬芳馥郁的美酒……银色人偶、老鼠Karl和机器人CL-T正悄悄策划着一场蒂凡尼式的狂欢派对（图6-17）。

银色人偶将一枚蒂芙尼"Return to Tiffany"系列心形吊坠嵌入CL-T的胸前，用爱赋予CL-T新生，浓浓的爱意溢于言表（图6-18）。

图6-17　蒂芙尼场景式橱窗陈列（4）

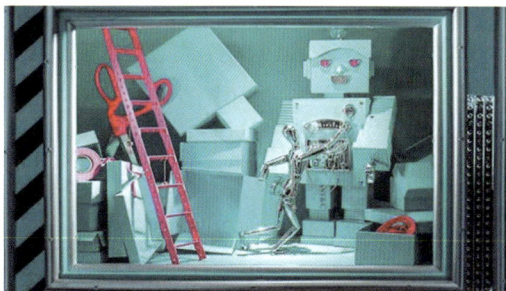

图6-18　蒂芙尼场景式橱窗陈列（5）

案例拓展：年轻人对国潮品牌情有独钟

如今的中国年轻消费者，喜欢产品带着"中国的感觉"。这种"中国的感觉"正在塑造"国潮"新风尚，风靡国内并传至海外。

运动品牌植入苏绣等中华美学元素后，摇身变为时尚青年抢购的潮品；六百岁故宫推陈出新，"朕的心意"月饼、宫廷色口红等文创精品刷爆年轻人朋友圈；"中国智造"产品凭着过硬的质量和高颜值，收获一波波"铁粉"……

国货热销、国风流行、国潮涌动，以"中国元素"为内核的这股社会风尚折射出中国人消费偏好之变；深一层看，背后更是"东方式"审美的回归。

曾经，永久、回力等国货老牌子代表实惠耐用和一个时代的时髦；改革开放后，外国品牌涌入，人们以追逐"洋品牌"为荣。进入新世纪，本土品牌苦练内功、逐步崛起，在年轻人群中兴起了国货消费热潮。

顺着时间轴看，中国人消费与审美可谓经历了从"看山是山，看水是水"，到"看山不是山，看水不是水"，及至"看山还是山，看水还是水"的再度回归和螺旋式上升。

从2011～2021年，"国潮"相关搜索热度10年间上涨528%；中国消费者在网购平台每买10件商品，有超过7件是国货；近八成中国消费者偏爱国产品牌……大数据佐证了"国潮"热度。

作为新兴消费力量崛起的中国"Z世代"（通常指1995～2009年出生的人），正是国潮旋风的重要塑造力量。相关调查显示，"Z世代"对"中国红"元素产品情有独钟，国潮品牌与年轻人"双向奔赴"。

任务三　奢侈品牌的店铺陈列设计

奢侈品带有与生俱来的高贵感，使得它们不适宜用拥挤的陈列数量和琳琅满目的促销宣传作为和消费者亲近的工具，奢侈品店铺的陈列是要通过完美的视觉传达和细节，以及对品牌内涵的演绎与顾客沟通，并拉动销售。

一、陈列数量与商品价值成反比

在高端的奢侈品卖场里，硕大的陈列区商品数量其实很少，整个区域营造的氛围与搭配只是为了凸显几件衣服或者皮包。奢侈品品牌本身要传递的理念就是精致、细微和挑剔。因此在陈列区不会展示数量很多的商品，意在给消费者传递一种高贵感与独一无二的意境，更加在心理上满足了消费者对奢侈品的购买需求（图6-19）。

图6-19　博柏利店内陈列

二、店铺氛围

奢侈品牌店铺创造了一种奢华的氛围，在店铺的空间中到处都吸引着消费者的感官，并传递出时尚和排他性的信息。例如，路易威登巴黎店的电梯完全是黑色的，没有信号、灯光或声音，这种氛围会让人产生一种失去理智的感觉，所以当门打开时，消费者会享受到奢华的商品和奢华的环境。香奈儿香港精品店旨在复制加布里埃·香奈儿女士巴黎公寓的氛围，包括一条32m长的珍珠项链（图6-20）。

图6-20　香奈儿店铺

三、店铺注重在空间叙事中展现品牌文化

奢侈品销售终端虽然核心的功能是促进销售行为的发生，但还担负着品牌文化传播的特殊使命，因此奢侈品品牌的店面空间通常大且装修豪华，商品陈列在宽敞的货架或展台上，展现品牌的特点（图6-21）。

奢侈品品牌销售终端通常会统一归纳出一个核心主题，这个核心主题会紧扣品牌文化。此外，奢侈品品牌还会使用副主题（如营销主题）来调整空间的叙事内容。在面临节庆、店庆、联名活动等特殊营销节点时，终端会配合营销主题进行空间的二次改造，在核心主题的基础上突出营销主题的特征，通过道具与商品陈列等形式展现给消费者，但营销主题只能作为副主题出现，所有的营销活动和空间变动都是围绕品牌文化展开的。

图6-21　迪奥门店空间展示

四、售卖生活方式

奢侈品牌除了售卖商品，更重要的是激起顾客内心的情感，让消费者感觉在购买奢侈品牌时，不仅想要这些商品，还想拥有精英群体、"俱乐部"的感觉。

对于奢侈品牌来说，保持这种感觉是非常重要的，这就是为什么奢侈品牌强调品牌故事，而且传达给消费者商品就应该是昂贵这种理念。让消费者感觉是在为自己投资，为自己未来成为精英人才而投资，相信自己在不久的将来也能在精英队伍中有一席之地。这样做的目的，不仅使消费者成功地在某一时刻成为精英，而且还表达着消费者的与众不同。

👉 **课外拓展**

....

实训项目：奢侈品牌店铺陈列方案调研

任务解析

（1）实训目的：博柏利是奢侈品牌的代表之一，其经典的店铺和橱窗设计充分表现了品牌的视觉形象，通过对店铺陈列方式的调研，分析其陈列的特点，在此基础上，以图文并茂的形式完成新一季该品牌的陈列调研报告。

（2）实训要求：学生4~6人组成一组，做好小组分工，协同调查，共同完成调研内容。

（3）实训操作：选择当地的博柏利门店进行调研，调研报告在教室完成。调研时最好能够带好拍摄工具，做好相关记录，以辅助说明问题。

（4）实训结果：写一份新一季博柏利奢侈品牌的橱窗、店内陈列、店铺氛围、服务方式等完整的调研报告。

职业素养任务

（1）养成认真敬业的职业习惯：工匠精神落在个人层面，就是一种认真精神、敬业精神。树立起对职业敬畏、对工作执着、对产品负责的态度，注重细节，不断追求完美和极致，给客户无可挑剔的体验。将一丝不苟、精益求精的工匠精神融入陈列的每一个环节，打造出精益求精、打动人心的一流陈列作品。

（2）养成理性消费观：有节制地、按照自己的自身经济和财产状况进行消费。正确认识金钱、使用金钱，养成理性消费的观念。

学习目标

1. 能力目标

（1）能判断是否为快时尚和运动时尚。

（2）能分析出快时尚和运动时尚产品运用了哪些当季时尚潮流。

（3）能分析快时尚和运动时尚橱窗的特点。

（4）能结合不同快时尚和运动时尚的特点进行单个的 VP、PP、IP 设计。

（5）能进行 VP、PP、IP 组合设计。

2. 知识目标

（1）熟知快时尚和运动时尚的特征。

（2）了解不同快时尚品牌和运动时尚品牌在橱窗设计方面的不同。

（3）熟知快时尚和运动时尚的 VP、PP、IP 运用方式。

（4）了解快时尚品牌和运动时尚的灯光和空间设计。

导入案例

李宁首家城市定制店融中国文化和城市元素表现品牌态度

2022 年 8 月 6 日，中国李宁首家城市定制店于北京西单君太商场正式开业，中国李宁首家城市定制店秉承李宁运动基因，以先锋姿态将中国文化、城市元素在运动潮流的语境中展露新趣，焕新运动、产品、购买多维体验，为消费者带来全新触觉与前沿视角，以创新的零售门店为载体，呈现中国李宁的原创设计和独特态度（图 7-1、图 7-2）。

运动基因融合在地文化，带来首家城市定制店

店内以灰色为主色调，将北京复古砖墙作为城市印记、品牌符号的载体，融入长城、天坛、故宫等元素，呈现运动潮流视角下的东方韵味，以空间叙述文化，将北京城市特色、在地文化、产品体验、购买体验融为一体。细节之处也不乏创意巧思，以老北京宅院大门为灵感的门口设计，彰显风格的同时也是潮流态度的释放（图 7-3）。

除此之外，提炼核心产品 DNA 与店铺展陈道具设计融会贯通——分别从"悟道""超载""伍行"鞋款中提取三角形、颗粒感大底元素、仿生弯折结构等，既是对打造这些经典鞋款设计师的致敬，也彰显出品牌对文化融合的特色表达。中国李宁还推出融合"BEIJING"图样的中国李宁"无聊猿城市"限定系列服装，将"无聊猿城市"探索之旅与北京及门店特色相结合（图7-4）。

图7-1　李宁城市店门店形象

图7-2　李宁城市店内部陈列图

图7-3　李宁城市店的复古砖墙和老宅门元素

图7-4　李宁产品的文化融合

解锁购物新趣，科技互动交织新式社交

中国李宁首次将智能传送带系统加入店铺服务模式，总长30m的红色传送带从入门处中国李宁BOX LOGO下方延伸并贯穿全场，定制的智能传送箱内置智能芯片，可自动充电的同时与轨道完美配合（图7-5）。

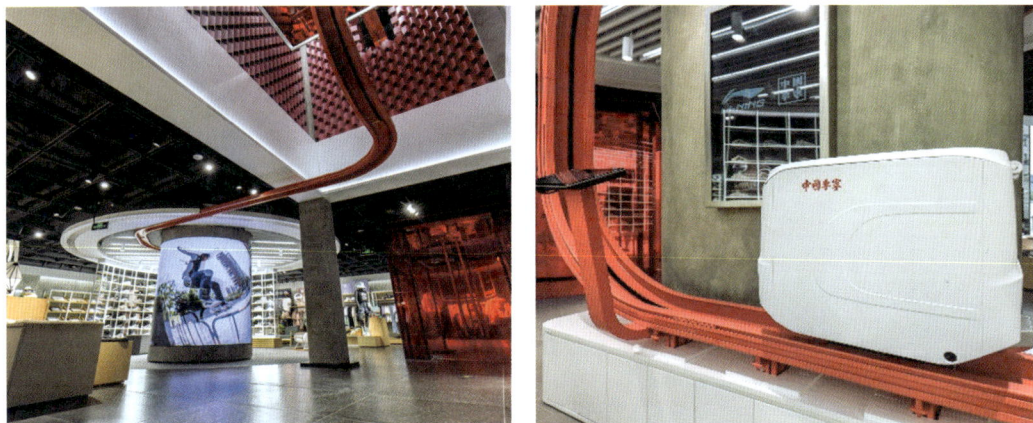

图7-5　李宁城市店智能传送带系统

下单成功后，心仪的产品直接从仓库中调度而出，通过中国李宁BOX LOGO缓缓驶出，来到消费者面前，整个传送过程仅需1分15秒。智能传送带的加入，不仅减少了传统费力耗时的人工取货奔波，同时增加了科技未来感，酷炫的装置从店外观看也是吸引消费者驻足的一道风景线。中国李宁智能传送带系统，真正地让购物体验变得更方便、更快捷、更有趣。

未来，中国李宁将继续挖掘不同城市的独特文化魅力，把握品牌与不同城市元素碰撞融合的机会，通过融合空间美学、城市限定产品等，为消费者打造城市肌理中的独家记忆。通过扎根城市文化，举行门店社群活动，创新性地将便捷智能的科技应用于门店，李宁持续加强与消费者互动沟通，提升消费者体验，传递品牌态度和温度。

任务描述

店铺的调研（探店）是收集和获取素材的来源，作为陈列专业的学生，应该关注门店的变化和新趋势，特别是国际知名品牌在门店设计方面的新思路，通过分析将这些素材转化为自己的能力源泉。

知识准备

快时尚，即快速时尚，是一种当代时尚零售商将最时尚的设计以最快的速度制造并铺陈到卖场的一种模式，是21世纪以来在服装零售业成功兴起的潮流。

运动服饰，指根据各项运动的特点、比赛规定、运动员体型等因素以及有利于竞技的要求而制作的服装以及相关装饰物品，包括服装、鞋帽、袜子、手套、围巾、提包、发饰、手环等。从19世纪发展到21世纪以来，运动服饰发展出了很多类别，也产生了很多知名品牌，运动服饰已成为日常生活中的必备服饰之一。按照用途分类，运动服饰可以分为休闲运动服饰、业余运动服饰、专业运动服饰。按照性质分类，运动服饰可以分为大众运动服饰和运动时尚服饰。本教材主要以运动时尚服饰为分析对象。国内知名运动服饰品牌有李宁、特步、361°、匹克、安踏、鸿星尔克等（图7-6）。

图7-6　国内运动品牌Logo

一、快时尚及运动时尚门店的特点

1. 产品更新速度快

快时尚服饰及运动时尚服饰始终追随当季潮流，新品到店的速度快，橱窗陈列的变换频率快。

UR（Urban Revivo）的卖场，每周都有大量的新装上市。UR的门店大都位于中心商业圈或购物中心内，客流量非常大，只有货品不断更新，店铺才能给予消费者不断的新鲜感，店铺陈列也要随之不断更换，两者之间是相辅相成的。这样高频率的商品更新速度带来的销售效果非常明显。

2. 产品时髦

快时尚和运动时尚服饰品牌的设计紧密衔接每一季的流行趋势，借鉴国际大牌的当季设计理念，将产品设计得时尚、有型，使服装的颜色、图案、材质、轮廓等走在潮流前端。

快时尚品牌会迅速把握每一季的流行趋势，图7-7是2024年春季流行的夹克外套、短款针织衫与牛仔下装的搭配。夹克外套的帅气、针织的柔和多彩以及牛仔装的随性结合在一起，打造出青春洋溢的特点，表达了自在随性的生活态度。

实用性和舒适感是2024年关键主题，如图7-8所示，长毛绒腰包满足了消费者对实用性和舒适感的需求，许多具有影响力的童装品牌都在门店中强调了这款单品，在产品设计中使用柔软舒适的灯芯绒、丝绒、羊羔绒，以及簇绒标语和Logo，丰富腰包的触感。

图7-7　2024年春季陈列

图7-8　2024年长毛绒配饰系列

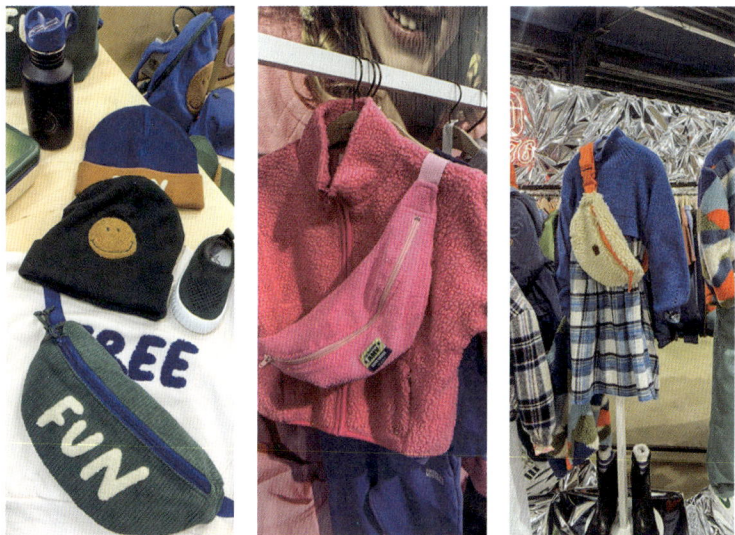

扫一扫，看微课

　　牛仔装系列是快时尚品牌非常重要的品类。随着灵活多变的生活方式持续受到追捧，牛仔装设计也不断变化，适合办公室的休闲款式颇受欢迎，常见有实用细节的单款和套装系列，如图7-9所示。

图7-9　2024年牛仔装系列陈列

3. 注重终端视觉展示设计

　　快时尚品牌及运动时尚品牌通过大量吸引顾客眼球的方式获得高流量的关注，终端视觉展示就是最主要的方式之一。通过终端门店的各种视觉设计，让顾客在门店体验好的购物体验和视觉享受，以刺激消费者的购买。

以太平鸟（PEACEBIRD）为例，太平鸟从研发、货品陈列到卖场都有一套高效科学的运作模式，在这种模式下，每一个环节，无论是店铺的设计还是空间的规划、货品的陈列，都体现了太平鸟品牌的营销特点。太平鸟店铺的装修材料和陈列道具都是统一的，但是会根据不同的主题陈列、店铺货品分区和款式系列进行更改，也会根据色彩和质感合理运用陈列道具。太平鸟的陈列部门会和产品设计师们一起讨论、确定款式的设计，研究新品的开发理念，并在货品到达店铺时制定好一系列的陈列方案以为店铺陈列作指导。

4. 平民化的价格，潮牌的时尚度

快时尚品牌的价格通常较为平民化，性价比较高。同时门店良好的终端陈列，给消费者营造了强烈的视觉感受，通过卖场的氛围营造引发大众消费群体的购买欲，从而提高品牌整体的自身价值。

图7-10为太平鸟2022年与海绵宝宝、哆啦A梦及花木兰IP形象的联名商品。太平鸟近年来在联名商品的开发和选择上颇为成功，如太平鸟携手《花木兰》IP打造的国风联名系列，设计灵感来自《木兰辞》和动画片《花木兰》，经过深度剖析中华传统文化中的民族女英雄角色，并从产品端进行木兰"生活""战场"两种对立状态的鲜明演绎：温柔的古风改良汉服，展现木兰的儿女情长，对镜贴黄花；中式立领、廓型板型和大纹样的印花，表现女英雄征战沙场时的巾帼不让须眉。

图7-10　太平鸟联名款商品

仅2020年，太平鸟就推出了50余款IP联名系列，联名对象包括猫和老鼠、樱桃小丸子、花木兰等动漫影视IP，飞跃和红双喜等国潮IP。太平鸟拥有太平鸟女装、男装、乐町女装、Mini Peace童装、贝甜童装等品牌，这些品牌几乎都曾推出过联名产品。

5. 店铺多选址在发达城市或繁华商圈

选择发达城市的原因在于：一方面，大城市流行事物多、时尚感强，消费者易于接受和认可时尚潮流；另一方面，大城市是时尚信息的重要来源和汇聚点，门店可根据每天的销售数据并结合当地的流行趋势来分析顾客的需求，及时向总部汇报供设计师们参考。

快时尚品牌及运动时尚服饰品牌一般会选择流量大的商圈作为店址，依托繁华商圈的人气，借助大流量的到店顾客，形成巨大的销售量。有些快时尚品牌如UR会选择与知名大牌为邻，可获得大量的分享客流。

选择繁华商圈和时尚CBD的原因是能够直接贴近目标消费群。快时尚及运动时尚服饰品牌巨大、醒目的Logo悬挂在专卖店外，起到有效的广告作用。这些海报简洁、美观、消费者能直观地看到快时尚的品牌形象。

6. 众多品类陈列在同一个卖场空间

快时尚和运动时尚品牌需要依靠大量的进店率和复购率来取胜，在同一个卖场陈列不同类型的品类是吸引顾客的方法之一。虽然不是所有的快时尚品牌都有男装、女装、童装、饰品等，但是目前全球知名的快时尚品牌都是以多品类陈列在同一个大的卖场空间来吸引更多的顾客，同时每个品类还会细分不同的系列。

UR的产品线分为"Women""Men"和"Youth"，各自拥有三个不同的风格，最受欢迎的"Women"分为"Glamour""Elegance"和"Holiday"三个不同系列，风格各有侧重。

二、快时尚及运动时尚服装品牌终端陈列的作用

1. 终端陈列提高进店率

终端陈列展示常常决定了顾客的进店率和成交率。好的陈列展示从空间规划开始，到每个柜台的商品组合、展示方法，再到每套服装的搭配都是有关联的。这样的陈列展示能提升顾客的入店率、在店内的逗留时间、试穿欲望和购买商品的数量，对销售有非常直接的提升作用。

2. 终端陈列提高销售率

陈列展示可以灵活配合销售计划，发挥卖场空间的销售功能。快时尚店铺通常进行分类风格陈列展示法，每种风格的服装有独立的陈列展示区域，每种风格区域内都有搭配陈列展示。这种陈列展示方法能让顾客看到每种服装时下流行的搭配方法，也能让不同着装风格的顾客在同一区域内找到他需要的全套服装及配饰。既方便顾客选购、为顾客提供潮流信息，也能很快提高销售率。

3. 终端陈列展示是品牌宣传的新媒体

从品牌文化传播这个层面上来说，终端陈列展示成为品牌宣传的有效媒体渠道。它能在终端生动地宣传品牌形象和文化。品牌的理念，不光在电视、杂志、网络上传播，同时也会通过陈列展示传播，这样会让消费者对快时尚品牌所要展示的文化和形象有更精准和深刻的认知。

三、视觉营销VMD基本知识

VMD即Visual Merchandising的缩写，中文意思就是"视觉营销"或者"商品计划视觉化"，即在流通领域里表现并管理以商品为主的所有视觉要素的活动，从而达到表现企业独特性及差异化的目的。

VMD通常包括三个部分，即VP主题陈列（Visual Presentation）、PP重点陈列（Point Presentation）、IP单品陈列（Individual Presentation）。这三个部分在卖场中发挥着各自不同的作用。VP是指店铺营造主题氛围的区域，也是展示区，是吸引消费者的重要展示空间。PP是指主要销售陈列区，针对重要的商品搭配集中展示。IP是指单品陈列，目的是节约空间衬托出PP展示的区域（图7-11）。

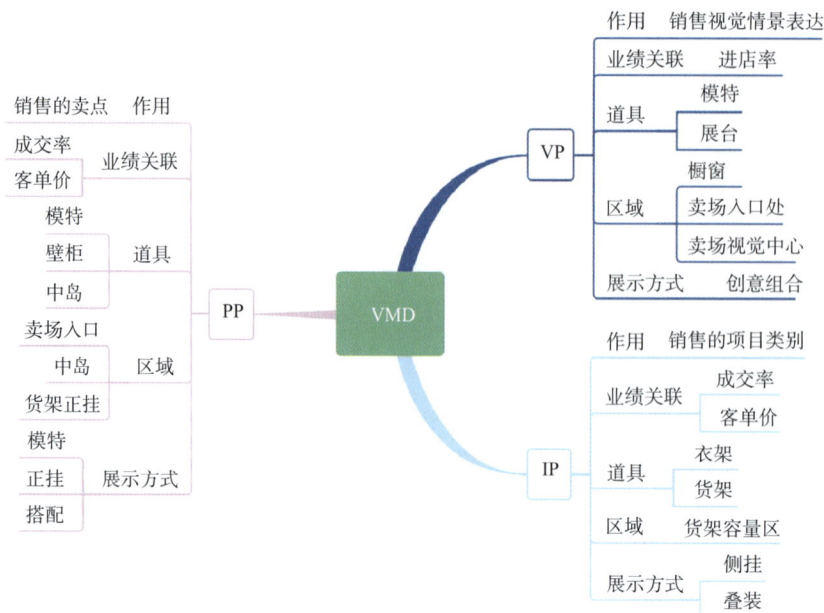

图7-11　VMD思维导图

在快时尚品牌陈列里，通过主题陈列（VP）、重点陈列（PP）和单品陈列（IP）的不同组合搭配构成了整个店铺内的陈列方式，展示出整个卖场第一时间想要销售出去的商品，并将其生动、明确、明显地演绎在顾客面前，将店铺的商品信息用视觉传达的方式有效而且快速地传递给顾客。另外，卖场还会布置很多POP广告，利用促销和价格优势让消费者可以愉悦地沉浸在购物的海洋之中。

任务一　橱窗陈列设计

快时尚及运动时尚门店的主题陈列（VP），对吸引顾客进店以及客单价的提升有重要的作用。通过橱窗、卖场入口、卖场视觉中心这几个位置的陈列设计，牢牢抓住顾客的视线，引导顾客的购买意愿，其中，橱窗相当于门店的脸面，是消费者最先看到的部分，具有非常重要的作用。

对于橱窗风格的呈现，各品牌各有侧重，有的品牌重视主题效果的呈现，通过使用道具和人体模型的摆放，将橱窗营造出故事性的日常氛围（图7-12）；有的品牌则更善于使用色彩将橱窗打造得具有视觉冲击感。

快时尚及运动时尚品牌的橱窗主题和主要设计都有统一的标准。经过良好培训的店铺专业陈列人员，熟谙店铺陈列指导手册及管理规定上的条款，擅长根据新款服装上市的需要来确定店铺外立面橱窗的场景主题。橱窗的陈列设计以及调整都由专业的陈列设计人员亲力亲为。

目前，快时尚及运动时尚品牌大多很重视橱窗的设计，独立专卖店一般选择商圈的临街位置，大面积的建筑外立面通过设计呈现鲜明的品牌形象，风格鲜明的橱窗设计以及巨大的店铺外观出现在人流量大的繁华街道，就是天然的"广告牌"（图7-13）。

图7-12　安踏南京形象店橱窗设计

　　这是安踏南京第十代形象店，从主入口步入门店，消费者将进入焕然一新的安踏世界。作为北京2022年冬季奥运会和冬季残奥会官方体育服装合作伙伴，安踏与北京冬奥会联合标识高悬于旗舰店上方。门店的橱窗展示了冬奥会冰雪运动的项目和安踏产品，兼具动感和美感。

图7-13　快时尚门店橱窗陈列（1）

　　橱窗设计中，迷幻风格的亮色渗透到店铺中，霓虹照明照亮了彩色半透明的背景和底座，环绕式镜子和固定装置让亮色焕发生机。

时尚圈的流行风向瞬息万变，快时尚门店的橱窗人体模型搭配推荐款更换也非常频繁。在橱窗情景、道具不变的情况下，人体模型展示的服装会根据上市新款的情况随时更新（图7-14～图7-16）。

图7-14　快时尚门店橱窗陈列（2）

快时尚门店的橱窗人体模型视觉效果不亚于真实的时装女郎，他们穿着新款时装提供流行指导，使顾客第一眼就有赏心悦目的感觉，同时其橱窗人体模型的造型也兼顾从各个方向走来的顾客，如图7-14所示。

图7-15　快时尚门店橱窗陈列（3）

快时尚门店橱窗中的人体模型似乎就是在模拟生活中的无数个场景，对于顾客来说，强大的人体模型阵容不仅可以吸引顾客驻足，完整的搭配也可以给顾客更加直接的穿搭建议，让顾客有更多的想象空间。该图中，露肩、荷叶边、PVC材质、豹纹等所有的流行关键元素，在当季的橱窗中都可以找到原型。

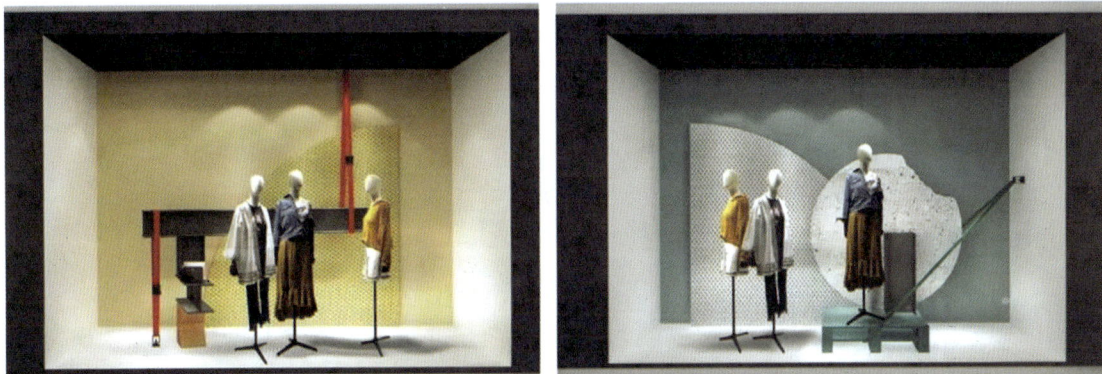

图7-16　UR橱窗展示

　　UR这一组橱窗用简明的风格展示了当季的热门商品和色系，三个人体模型的衣着一样但橱窗背景、风格和人体模型位置的变化，营造了两种不同的气质氛围。

任务二　卖场主题陈列（VP）

　　VP也叫主题陈列，是品牌店铺的门面，是卖场中最能够吸引顾客的部分，其所陈列的区域也被称为视觉演示区域，它主要出现在卖场的橱窗、卖场入口处、卖场展示台等，是将顾客吸引到店铺内的最佳导入点，也是重要的商品与道具组合的综合展示。因此店铺可以借此经常向顾客发送最新的店铺销售信息，最快速地导入客流量。

　　快时尚和运动时尚卖场的主题陈列（VP）空间多以多组的人体模型展示，搭配不同的货架和配饰，体现出整体的层次感。VP的展示要比PP和IP更具有视觉冲击力，可以更好地展示每一季的主打款式。不仅可以带动展示商品的销售，还可以提高就近货品区域的整体客流量，一般快时尚卖场的VP都会在入口和主通道区域出现，是店中无声的导购。

　　入口区陈列是彰显品牌风格的重要手段，是快时尚和运动时尚品牌体现自身品牌特点的发光点。

　　快时尚和运动时尚品牌的VP陈列通常会通过几组人体模型的组合来进行展示，穿着最新款的服饰，为顾客进行第一次流行趋势传递，给消费者成套搭配的直观感受，是卖场里主要展示区域。几个人体模型通过不同的姿势和角度排列组合，其服饰上搭配的整体感和排列出的空间层次感，不仅会给消费者留下深刻的印象，还体现出优秀的VP展示效果。一些快时尚品牌商品更新较快，比起复杂的场景更换，使用人台人体模型的简单组合更为便捷。同时这种VP展示使每件衣服的细节直面展示给消费者，这样不仅会推动销售，还会使服饰的整体形象更加鲜明（图7-17～图7-21）。

图7-17　安踏门店VP陈列

　　左图商品突出中国元素，如中国红的运动休闲服饰和印有文字"中國"的运动装、卫衣等。右图中展示了篮球场景下的运动状态，通过人体模型着装上较为强烈的色彩搭配和不同的篮球动作，将产品性能、服饰特点充分展示出来。

图7-18　李宁门店VP陈列

　　左图中，李宁门店入口处用多个元素展示李宁的品牌形象，印有中国李宁品牌Logo的运动包、背包以及中国传统红、黄配色的运动鞋，具有"燃"元素的高帮潮鞋，以及印有1990年李宁夺冠场景的T恤等，所有元素都在传达着中国李宁的品牌含义。右图中，三组男女人体模型形成视觉冲击，紫色、荧光绿的颜色搭配吸睛，将中国李宁在服装设计上的大胆配色和引流国潮的风格展现出来，鞋、包的搭配协调又潮流。

图7-19　快时尚品牌骑行短裤主题展示

　　骑行短裤在T台和近年春夏买手精选中都有着出彩表现，在前卫零售市场也可以看到骑行短裤的身影，高腰和加长裤腿拓宽了骑行短裤的实穿性，尤其是密织压缩款，彩色套装富有新意，黑色是核心款。

图7-20　River Island 夏装主题陈列

　　色彩和图案是当季的主题，不同于以往简洁素色的男装风格，River Island 2019年主推多样的色彩和抽象的图案，来展现男性多变的魅力和休闲场景下的青春气息。机车道具和白色休闲鞋、墨镜、耳机等道具都将浓郁的生活气息和男性魅力展现得淋漓尽致。

快时尚卖场通常不止一层，而且在每一层也不止一个入口，在每一个入口处，都会运用 VP 来做视觉展示，增加新款服装的推广度。人体模型的摆放也会定期更换，有时会搭配 POP 做宣传，更好地展示卖场形象。

在快时尚门店的 VP 区域，一般选择人台的排列来展示。图 7-21 用白色金属打造出阶梯状的 T 台，具有层次感，且将此区域放置于入口中央处，用最新款式的服饰来抓住顾客的眼球。在 VP 区域旁放置一些展架用来陈列正挂的服饰，这些服饰同视觉演示区款式相同，即使用了 VP+PP 的组合原则，让消费者在被吸引的同时进行挑选、试穿。

图7-21　不同入口处的VP展示

快时尚女装的陈列以款式和色彩陈列为主，用色彩制造卖场的节奏感，调动顾客的购物情绪。快时尚门店的基本款比较多，产品的设计主要针对年轻的消费群体，所以色彩上一般运用对比色搭配方式，通过运用色彩来营造视觉的冲击力。

快时尚卖场的展示板墙每个大的空间都会做很多隔断，形成不同大小的方格子，用来展示服装正挂和侧挂。最上层的 PP 运用很灵活，有的是存放货品的抽屉；有的以半身的人体模型来做展示；有的用两个镂空的格子做道具，展示搭配服装的配饰；还有的用一些小的配饰道具来增加卖场的趣味性，让走进店铺的顾客随时随地都在关注不同区域的货品。

童装卖场在白色的基调中营造出温馨舒适的气氛，合理地运用灯光照明，清晰地烘托卖场活泼和可爱的视觉形象。

童装货品陈列搭配以色彩为中心进行协调运用，VP 的展示跟成人的陈列手法相似，配饰的搭配品种会更丰富一些，每个小展台上都会放一个小的 PP 展架或者运用小的配饰道具来做搭配，目的也是提高顾客的购买数量（图7-22）。

每个小区域都有 POP 展示板，价格、款式和尺码都清晰地展示在消费者面前，使家长更方便为孩子挑选适合的服装。即使在同一个童装商品区内，仍然能明确分出男装和女装的区域，并有相应的人体模型陈列提示。顾客不必询问店员男装和女装的衣服的位置，只要在最醒目的位置看到人体模型陈列出样就可以了，尽可能满足大流量的快速消费。

图7-22　快时尚门店童装区域VP展示

童装区域的陈列也是按照年龄和性别来划分的，货品组合上更有层次感，表现出儿童可爱、活泼的特性，多为正挂、侧挂、叠装的组合方式，更注重人体模型的服装展示。挂件的排列也是按照从小码到大码的顺序，方便顾客快捷地挑选适合的尺码。

任务三　PP+IP陈列

IP为单品陈列。IP区使用展台、货架、货柜等道具辅助陈列，是卖场中实际销售商品的区域，它占据了卖场大部分，也是顾客直接和最后决定购买的地方。IP区对卖场的影响力非常大，所以需要借助形式多样的陈列方式来分布整个空间，其陈列的关键在于，单件商品须按一定的规则分类、整理、陈列以及布置，才能达到预期的效果。

PP为重点陈列，是促进销售的重要空间。从IP当中选出特定的商品，把挑选出来要展示的商品就近陈列，并能够让顾客一目了然地关注到商品组合展示技术。PP是商品展示的关键，能更好地促进商品的销售。最重要的是，在卖场内能与IP产生互动与关联。

PP和IP虽然是两个部分，但是经常在店铺中组合运用（图7-23）。每个快时尚和运动时尚品牌在PP和IP陈列方面都有自己的特点，主要可以分为两类，第一类是PP主打，IP（多以侧挂展现）为辅的陈列方式，如李宁、唐狮、UR；第二类是仓储式陈列，如优衣库。

图7-23　快时尚门店PP+IP展示

　　唐狮陈列通常利用PP主打，IP衬托的形式表达（图7-24、图7-25）。每一面墙都代表着一个完整的主题，服饰风格也表现着这类主题，是陈列最重视的一个区域，用PP正挂的方式并成套搭配，使每件衣服的细节直面展示给消费者，这样不仅会推动销售，还会使服饰的整体形象更加鲜明。IP展示侧挂的服饰，这类服饰是基础的一款多色，易搭配并且货量足，可以挂满在侧挂货架上，用款式相同颜色不同的基础款通过色彩的排列从浅到深，让拥挤的货架看起来不那么杂乱。这类服饰因为价格便宜，实用又不会过时而总会在快时尚店铺里留有一席之地，作为衬托在店内是必不可少的一部分。

图7-24　唐狮店铺的PP+IP展示

图7-25　唐狮门店陈列展示

　　快时尚门店侧重于重点商品的展示，即PP为主，或在PP的基础上，增加IP的容量感，这些容量感通常用侧挂的方式展示（图7-26、图7-27）。

图7-26　快时尚品牌童装系列春夏流行色彩展示

红色为当年带跨季感的主打色，被广泛用于夏季新品。在正挂和侧挂的童装产品中，红色能带来引人注目的效果。

图7-27　URBAN OUTFITTER和TOPMAN品牌门店主打商品展示

与上面所提到的一些侧重PP的快时尚品牌不同，侧重IP的快时尚品牌的陈列原则是简单整齐、易于选购，所以整体上展现的是仓储式的陈列。

快时尚品牌的一个单品可能有很多色彩，在陈列方面，如果简单叠放，显然起不到陈列的效果，因此，侧重IP的快时尚品牌就在色彩上下功夫，将色彩作为一个重要的门店陈列元素。如某快时尚品牌上海市淮海路全球旗舰店开业时，门店展示了一整面墙的羊绒商品，分为冷色系、暖色系两个部分，这样可以将全部色彩的商品展示给顾客，同时非常具有视觉冲击力。色彩是快时尚门店非常重要的陈列元素，商品简单叠放后，按色彩顺序排列，就形成了别具风格的陈列特色。

例如，一些重要的单品，polo衫、摇粒绒、牛仔裤、T恤，都可以用这样的方式陈列。虽然是简单的款式，但因为有很多色彩，就能吸引顾客的目光。当顾客进店触摸面料之后，感受到面料的舒适性，如果价格合理，就会让顾客有强烈的选购欲望。色彩陈列作为门店重要的视觉营销元素，品牌会根据每种不同的单品进行相应的调整。

门店关于色彩的陈列宗旨是由浅到深、从暖色系到冷色系排列，顺序可以具体到"红、橙、黄、绿、蓝、紫"，按光谱顺序从通道入口向后排列。花纹方面则是由单色系、波点、条纹至格纹陈列，这也是符合购物行为的陈列方式（图7-28）。

在同款服装的摆放上，即使款式再多，服装也应全部依据"码数从小到大，颜色从浅至深"的顺序分布，并且展示在最外面的服装码数为中码。这种规范性的要求充分展现快时尚的品牌文化，简约、整齐、清晰的视觉感知既带给消费者整洁美观的印象，又极大地方便了消费者的选购，刺激了消费者的购买欲。

图7-28 快时尚门店单品色彩陈列

　　快时尚和运动时尚品牌在陈列方面也擅长讲故事、营造场景，比如HEATTECH概念店。在这个概念店里，需要让顾客想象，在温度零下的雪地里，穿了一件HEATTECH去滑雪。那么如何能让顾客产生这样的想象呢？当然要通过场景的营造。在重点陈列（PP）区域，通过人体模型的组合和道具的运用，让顾客进入这个场景之后产生联想，旁边还有文字说明HEATTECH是什么，HEATTECH有吸湿、保暖、发热等九大功能。之后顾客看到旁边就有陈列的商品，再一看实惠的价格，顾客就会觉得在冬天需要这样一件产品。所以该陈列的妙处在于，能够让顾客站在货架前面，感受到很多资讯，发挥想象，最后满意地挑选到合适的商品。

　　场景或者故事陈列的精髓就是让顾客从开始看到这个商品就会被吸引过去，跟着这个思维尽可能去想象这个场景，产生共鸣，之后再把顾客引回到自己日常生活状态，因为有了共鸣，就会产生购买该商品的想法。

案例拓展：安踏努力讲好未来故事

　　去安踏的门店能做些什么？除了购买运动服饰装备，还可以去安踏打球，可以去安踏滑雪、跑步，甚至可以去安踏喝咖啡……

　　在安踏晋江总部，作为购物目的地的安踏正在打破边界，成为运动爱好者的运动新场所。2022年1月，安踏集团全新打造的"982创动空间"（以下简称"创动空间"）成为潮流青年、运动爱好者以及Key Opinion Leader（KOL）的社交打卡地。这个"新物种"代表了安踏集团"直面消费者"战略的延伸、"共生价值"的落地，以及安踏集团作为国内最大运动企业对行业的全新思考与解读——more than shopping 的运动生活空间。

创动空间是安踏集团管理层根据对体育用品行业的观察结合"头脑风暴"出来的结果，基于安踏集团"多品牌"战略定位，萌生了打造一个"多运动场景的互动空间"想法。安踏认为空间是将安踏集团的运动概念跟运动场"合而为一"，命名为创动空间似乎更能清晰解释赋予其创造、行动中的空间以及运动满足感的概念，这也是创动空间发展的三个主要关键词。

安踏集团希望将其做成一个 more than shopping 的运动生活空间，也可以简单地理解成"动态策展式商业"。

安踏（ANTA）、斐乐（FILA）、迪桑特（DESCENTE）、可隆（KOLON SPORT）、萨洛蒙（SALOMON）、始祖鸟（ARC'TERYX）、阿托米克（ATOMIC）、威尔胜（WILSON）、斯潘迪（SPRANDI）这些行业资深品牌和品牌新贵在创动空间各据一方，创动空间再根据品牌细分场景属性，在黑科技助力下，开创深度动态体验与复合型商业融合的先例。

以滑雪这项正在走红的运动为例，创动空间大手笔打造出户外晴天效果来加深滑雪的愉悦感，再加上一流的滑雪设备、专业的免费教练指导以及仿真的滑雪环境，社交媒体上，创动空间的滑雪区出镜率最高（图7-29、图7-30）。

图7-29　滑雪产品VP陈列　　　　　图7-30　滑雪区域设计

攀岩区则一改"晴天"为"深海"，18m高的攀岩墙能让体验者纵览"海底世界"，通过灯光效果让攀岩更具趣味性（图7-31）。

篮球区则分为安踏篮球历史区和篮球竞技区。历史区为消费者完整呈现了安踏篮球的发展历史，以及球星代言人们的辉煌时刻。竞技区内为篮球爱好者提供打球场地，场地提供 Wilson NBA 比赛用球，消费者可上场实战，亲身感受 NBA 级别的专业篮球产品的性能带来的专业运动体验。

无动力跑步机旁特别放置了一台3D脚型扫描仪，顾客只要把两只脚放上去，不到一分钟时间就可以获得双脚的大小、厚度、脚板厚度、足弓的弧度、是否有大小脚、脚的形状等数据，通过脚型数据采集和分析，个性化推荐符合运动习惯的跑鞋，最大限度地提高舒适感并避免运动伤害（图7-32）。

图7-31　攀岩区域设计　　　　　　　　　　图7-32　3D脚型扫描仪

　　按照安踏的设想，创动空间通过免费专业教练配备让每个进入者都爱上运动，专业的鞋服会让体验者了解安踏品牌价值，运动休息间隙还有咖啡、健康饮料提供，安踏希望更多人能够在良好、安全、舒服的环境里面进行运动，将创动空间"运动加生活"的理念传递出去。

　　其实，在实际的店铺陈列中，主题陈列（VP）与店铺内部的重点陈列（PP）、单品陈列（IP）相辅相成，互相关联、呼应，是顾客在店铺内部行走的无声指引者，具有关键的作用，没有伯仲之分，不能忽视任何一个部分。

　　在很多快时尚卖场中，这三个陈列要素也从来都不是孤立存在的，而是尽可能地组合在一起，最大程度地促进销售。其中，PP+IP的组合最为常见，在图7-33中，高低台子摆放人体模型错落有致，中间区域放置叠放整齐的服饰，在一个小小的空间内，将PP与IP组合起来，最大化地利用空间面积，让消费者既能看到服饰的展示，也满足了卖场服饰存放的空间问题，在图中可见，由于该区域处于入口处显眼位置，加上人体模型的突出陈列，因此，也具有VP的特征，形成了VP+PP+IP的组合陈列。

　　在快时尚和运动时尚卖场中很少见到单独的VP、PP、IP区域，为了更大程度地展示服饰，促进销售，往往都是将这三者结合在一起来陈列服饰。即便是入口处常规的视觉演示区域，也一般是将人体模型展示与叠放相结合，这种方式也是快时尚和运动时尚卖场中最常使用的一种组合方式，即重点

图7-33　VP+PP+IP展示

陈列和单品陈列（VP+IP），这种方式的优点在于可以让消费者看到人体模型的展示效果又能够最大程度地节省存放商品的面积，将空间利用率达到最大化，如图7-34所示。

图7-34　门店VP+IP展示

通过对几个快时尚店铺案例的分析，可以发现，在快时尚店铺中，许多时候主题陈列、重点陈列、单品陈列（VP、PP、IP）三者都是组合在一起陈列，而不是孤立存在，主题陈列和单品陈列（VP+IP）、重点陈列和单品陈列（PP+IP）都是比较常见的组合方式。在视觉演示区域，即人体模型附近常常摆放一些主打的正挂款式，这样在消费者被人体模型所展示的新款所吸引到的时候便可以随手拿到一件衣服去试穿。而重点陈列和单品陈列（PP+IP）的组合则在服饰卖场中更为常见，因为许多单品陈列区域的服装都是叠放呈现的，如果旁边没有组合好的服饰展示，则很难让消费者对叠放的服饰产生试穿兴趣，如图7-35所示。

图7-35　快时尚品牌的综合陈列

任务四　空间布局与灯光设计

一、空间布局

知名的快时尚品牌在卖场的空间布局上非常注重动线的设计（动线即消费者在卖场中行走的路线）以及主副通道的划分。

快时尚品牌对于卖场中每个系列的服饰区域都会进行合理的动线规划，并会配合引导式的布局方式，尽量使顾客的行走路线能够路过卖场中的每一个重点展示区，使顾客不错过任意一款商品。

一个快时尚卖场一般会被划分为几个区域，每个区域都有指定摆放的商品，这样既有利于顾客在找寻所需产品时节省时间，也有利于形成整齐的卖场和方便员工工作。不仅产品摆放的位置有讲究，摆放的顺序也是如此：按照人们的行走习惯和视觉顺序划分，即当一位顾客从门口进入后，基本按照"上衣—下装—配件—居家—优惠商品"的顺序浏览。因此，快时尚品牌会利用各类陈列架、人体模型、商品的种类等营造一条有引导性的道路，指引顾客潜意识地顺从店铺顺序进行购物。

安踏门店在整体设计布局中，空间的规划体现卖场的分区明确和整齐划一，在通道设计上尽量留出足够的选购空间，为消费者营造一种轻松愉快的购物环境，合理的道具和家具摆放营造出更多的层次感，会让空间显得更加有规律性。

UR以丰富的商品线为基础，通过合理的入口和通道规划营造空间的层次感，卖场区域没有特别明显的空间隔断，通过货品陈列展示和商品配置来体现每个区域所表现的商品特点。虽然商品的定位相对平价，但是通过终端视觉形象一样可以体现品牌的时尚感和独特的潮牌风格。

李宁门店的整体空间布局大气，无论选址还是店铺大小，都致力于让顾客感受到舒适、自由的购物空间。几乎所有门店都采用开放式店面设计，也就是顾客站在店铺门口就能看到店铺内部的整体分布，可以有针对性地直接到达选购区域。这样的设计有助于扩大顾客的视觉空间。

李宁不仅专注于空间的舒适性，在局部的细节上也别有用心。在店铺内，每种陈列台和陈列架都有分类，每一种陈列工具都有不同的使用方式和作用。随着数字化进程的加快，陈列也可以做得很智能。结合视觉、触觉、嗅觉等感官体验，能让顾客全面、深入地了解商品。

快时尚品牌由于产品时尚、价格较为便宜，因此顾客众多。在试衣间的设计上，通常试衣间数量较多，试衣间内有挂钩、镜子、凳子，并配套拖鞋（时装拖鞋）、温馨提示等。

二、照明设计

快时尚门店注重重点照明，以强化环境的神秘性与货品的层次感。快时尚店铺的灯光大部分采用的是镶嵌灯和固定射灯，灯光通常交叉照射，体现出品牌具有的时尚格调。在空间结构做调整的时候也会重新调整灯光，以达到最佳的灯光效果（图7-36、图7-37）。

图7-36 唐狮门店灯光设计

灯光明亮温暖，配合当季服装亮丽的色彩，呈现品牌青春洋溢的定位的同时，对顾客具有强烈的吸引力。

图7-37 李宁店铺灯光设计

左图店铺中橘色和紫色灯光的结合，整个画面的色彩特别出挑，店铺内部运用了很多铁架元素，这样的搭配，总体看起来很炫，容易得到年轻消费者的喜爱。右图运动鞋专区的壁面直接用霓虹灯圈成磁带的形状，以及透明发光的壁面，总让人不自觉地被吸引。中间的电子屏幕上，人体模型穿上运动鞋走秀更是给予顾客穿着示范。

有的快时尚和运动时尚品牌重点照明强化时尚感，而有的品牌就显得更为低调内敛，内部空间主要以乳白色的节能灯为主，营造明亮、通透的卖场氛围，符合其大众化的品牌特性并根据不同地理区域设置不同的灯光类型（图7-38～图7-41）。如亚洲人脸部轮廓不深，不适合灯光直接从上面打下来照出来的效果，那样会将脸部轮廓的缺陷通过阴影完全展现出来，但是轮廓较深的欧美人则可以展现出立体的骨骼轮廓。因此，在照镜子的时候灯光从前面或者后面斜照下来更适用于亚洲人，颜色不会很黄，不刺眼，光线柔和，可以烘托甚至美化肤质。

图7-38　快时尚门店饰品区域灯光

图7-39　快时尚门店各区域灯光设计

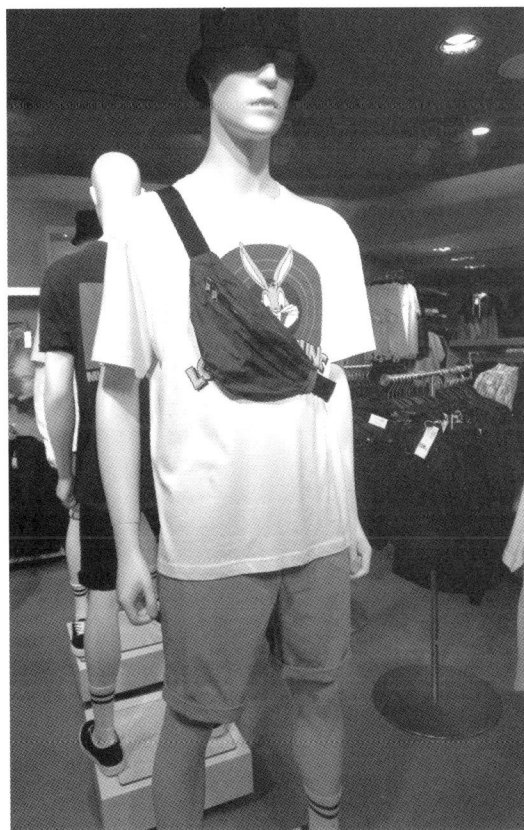

图7-40　快时尚门店PP区域灯光

图7-41　快时尚门店家居区域灯光

☞ 课外拓展

....

实训项目：快时尚及运动时尚品牌探店

任务解析

（1）选择所在城市两个知名快时尚品牌以及两个运动时尚品牌，走进店铺进行探店调研。

（2）主要探店内容为：门店橱窗陈列，店内空间布局，灯光照明以及VP、PP、IP陈列。

（3）形成2000字以上探店报告，报告要涉及以上几个方面，突出自己的感受和陈列分析，图文并茂。

职业素养任务

（1）探店过程中注意举止文明、礼貌用语，态度认真，养成细心、耐心和善于思考的习惯。

（2）在橱窗陈列和空间布局等分析中，注意对美的理解和分析，养成正确的美学观念，能认识美、体验美、感受美、欣赏美和创造美。

学习目标

1. 能力目标

（1）掌握男士的着装心理和男装陈列的特点。

（2）合理进行男士正装的正挂、侧挂、高、低柜组合陈列。

（3）合理陈列男士休闲服。

（4）基本会设计不同类型的男装橱窗陈列。

2. 知识目标

（1）掌握正装陈列所需的陈列载体。

（2）掌握正装各种陈列方法的要点。

（3）掌握休闲装各类陈列方法的要点。

（4）掌握男装橱窗陈列的方法。

导入案例

杰尼亚（ZEGNA）上海概念店的设计理念

AZ男装定位为中高端商务男装系列，在男装的陈列方面，一直中规中矩缺乏特别的亮点，对品牌概念和文化的表达也不太到位。李奇是AZ男装的陈列设计师，公司希望他能够让AZ男装陈列有一个新的突破，既能突出品牌文化，又能通过陈列提高销售额。这个任务对李奇来说是一个挑战，为了学习和借鉴国际知名男装品牌的陈列，李奇赶赴国内时尚前沿阵地——上海进行学习，他的第一站是杰尼亚上海概念店。在杰尼亚上海概念店，李奇充分理解了店铺与品牌之间的关系，学到了如何通过店铺充分表达品牌内涵和品牌性格。以下是李奇在店铺实地考察和通过二手资料调研得到的杰尼亚上海概念店的相关情况。

杰尼亚上海概念店，店面设计是埃尔梅内吉尔多·杰尼亚（Ermenegildo Zegna）与建筑设计师彼得·马里诺（Peter Marino）携手合作的第五家概念店设计，店面设计理念呼应了杰尼亚选料上乘、格调时尚的品牌精神。概念店的成功开幕是彼得·马里诺与埃尔梅内吉尔多·杰尼亚合作的成果。

彼得·马里诺表示："杰尼亚是一个历史悠久的品牌，以无可媲美的纺织品闻名于世，我是以此形象作概念店设计灵感。纺织机的动态让我构思出不锈钢条交织的设计概念"。玻璃外墙将杰尼亚的品牌背景与内涵表露无遗，纵横交错的镜面线条有如布料上的交织纱线，玻璃外墙后方的 LED 灯饰，使专卖店在夜间更璀璨耀目。

纺织的设计理念一直延续到店内，橱窗背景和楼梯扶手都呈现出一丝一线的交织形态，巧妙地表现出杰尼亚以纤维原料编织成无数优质布料的品牌风格。店铺内，地面用大理石的条纹穿行而置，令人联想到杰尼亚首创的独有布边——一个嵌在布匹边代表优良品质保证的品牌标签。大自然与高科技的完美和谐也融入店面设计之中——可持续发展的环保木材及石材，柔和自然却不失阳刚的色调，结合店铺橱窗外巨大的液晶屏幕滚动播放着当季服饰潮流，无不映衬着这一主题。

值得一提的是，上海全球概念店拥有私密的 VIP 豪华购物区，在金色粉饰和铺有丝绒地毯的房间里，客人可以尊享量身定制的个性化服务——这是杰尼亚闻名于世的品牌特色。墙上那幅由意大利摄影大师米莫·约蒂塞（Mimmo Jodice）拍摄的照片，生动刻画出纤维织物在纺织机上的动态。

两层楼中展示着杰尼亚三个子品牌不同的系列。从杰尼亚的正装到休闲装及配饰，以及"Z Zegna"和"Zegna Sport"品牌，应有尽有。每个系列拥有各自专属的区域，自成一角，突显非凡。

"Zegna Sport"品牌区域运用磨砂铝合金及其他金属效果，配合石灰岩地板和天蓝色地毯的点缀，展现出品牌的动感精神及不断创新与发展科技的成就。杰尼亚的冷峻优雅则通过调色盘中矿物灰、白、黑三色得以描绘，从当下时代背景的角度展示品牌精神内涵。

而杰尼亚的核心品牌区域则通过斑马木、棕榈木、古铜及抹灰饰面打造出一个经典的绅士俱乐部，体现了独具匠心的意式剪裁风格和一丝不苟的精致细节；另一个更为休闲的区域运用了自然的暖色调、花梨木家具、赤色橡木地板、古铜色摆设，散发出一派怡然奢华的优雅感。

彼得·马里诺的店面设计成功地展现出品牌的历史和价值，将集团各品牌的风格与个性发挥得淋漓尽致。

李奇在杰尼亚上海概念店的参观、学习之后，感触很多。门店是顾客接触服装品牌最直接的地方，一个品牌要想获得顾客的认可、满意，获得更多的品牌价值，门店是很重要的环节，门店的陈列做得不好，服装款式、面料再好，顾客也可能不买账。男装和女装的陈列有所不同，男装陈列更注重表现服装的品质感，体现服装的性格。

李奇在上海还参观了一些其他男装品牌的店铺陈列，之后开始着手对 AZ 男装陈列进行重新规划和设计，重新制定男装陈列手册。

🔅 任务描述

杰尼亚的门店陈列设计是男装陈列的一个楷模，是众多男装品牌在陈列方面需要学习、模仿和借鉴的样本。AZ 品牌近几年除了在女装和童装上发力之外，旗下又新增加了一个男装品牌，以商务休闲装为主。为了使公司的男装陈列取得成功，公司的陈列团队着手制定男装陈列手册，陈列手册包括男装的特点、不同类型男装的陈列风格介绍以及出样规则，希望通过陈列手册的制定，使 AZ 公司的男装店铺陈列能更科学。

知识准备

有的人认为男装的货品不如女装丰富多样，因而陈列会相对简单容易，其实不尽然，由于男装更多地要表现其品质感，而营造良好的陈列氛围是展现品质感的重要途径。从店铺的灯光、产品的品类规划、色彩组合，甚至产品的整齐度、平衡感以及货品良好的熨烫等陈列细节，都是表现男装品质的方式。

男装通常可以分为休闲和正装两大类，两大类又可继续细分。两种不同风格的男装在陈列中有不同的特点，要分开陈列。通常，男装大多是简约休闲风格，或沉着稳重的风格。男装的款式与颜色比较简单，门店在陈列时不需要太花哨，但是需要体现男装的特点。在陈列时，颜色上要突出品牌的主打色调，因为高档男装每季都有一些主打色，在陈列时予以突出，将有利于凸显品牌文化，也能很好地带动销售。

任务一　认识男装陈列的特点

男士服装不如女士服装那样款式多样，种类繁多，但这并不意味着男士服装在销售终端的陈列就可以随意为之。相反，由于男士服装通常以做工精良、用料考究为特点，适于品牌经营，因此在终端陈列中，要根据男士服装的特点，突出品牌的个性风格和形象特征。

一、男士着装的特点

1. 自信、整洁

对于男士来说，个人的装束不只是为了突出某一物品或服饰，而是把装束中的每一件东西进行搭配后恰到好处，整体自然大方，从而令自己充满自信。即使是在休闲风大行其道的现在，干净、整洁的服装也会令男士显得更为自信。

2. 合体、合身

不管是什么风格的服装，男性的服装大多是合体、合身的，是以男性自然的形体为基础设计的，在外轮廓上基本以H型和T型为主，即使是在目前中性化的服饰潮流中，合体、合身仍然是主流。

3. 注重品牌品质

男士服装为了体现自信，对服装造型以及品质常常要求较高。好的工艺、面料、板型是品质的保障，比如同样一款衬衫，纱线支数越高在工艺要求上也越高，也越体现出品质的特点。

4. 重视新颖面料

男装在款式上没有女装的变化大，在色彩上也没有女装丰富，因此在男装成衣设计中主要通过开发新型面料进行设计上的突破。例如，世界奢侈品牌阿玛尼、雨果博斯（HUGO BOSS）、杰尼亚等都是通过与面料商一起开发下一季的新颖面料以取得新的设计突破，而这些面料要在2~3年后才会在市场中流通。另外，如款式简洁的男装T恤，是通过新颖面料的开发，在外观或舒适性上取得新的视觉感、时尚感或舒适感。

5. 用色较为单调

社会对男性着装总是以干净、整齐、儒雅、自信、成功等刚性的词汇来表达，因此，男装的用色不是很丰富。虽然如今男装的用色已经不再是暗色、单色、素色，也可以如女装一样紧跟流行色，但为了凸显男性干练、自信、整洁的一面，在男装整体的用色上不会太多、太花哨。

二、男装陈列特点

根据男性着装特点、着装心理以及消费心理，男装陈列中应突出以下两个特点。

1. 品质感

男性对品质感的要求胜过女性，它是品牌档次的体现，进而反映出品牌的形象品位。卖场的品质感通过营造良好的店铺陈列氛围和品质感的陈列方式来体现。店铺的陈列氛围由灯光、店面装修的用料及工艺、产品的货组陈列规划、色彩设计等来实现，品质感的陈列方式则是由货品陈列的整洁度、平衡感、陈列细节、产品熨烫以及陈列维护等来实现。例如，将一件正装衬衫和一件正装西服搭配在一起时，要注意衬衫袖子长出西服不能太多，只能是2cm左右，如果太多了，就会看上去不整洁，也失去了正装端庄的着装理念。卖场随时会有消费者将服装拨动一下或试穿，此时店员要随时进行服装的归位和整理，否则货品陈列出样的不整洁、细节上的一点马虎都会影响品牌的品质感。

2. 色彩搭配

据有关研究证明，消费者在选择商品时，存在"7秒钟定律"，即面对琳琅满目的商品时，消费者只需7秒钟，就能确定对这些商品是否感兴趣，而在这短暂的7秒内，色彩的作用可达到67%，色彩营销就是运用7秒钟的定律，通过陈列中的"色彩"为卖点的营销策略。

扫一扫，看微课

由于男装的款式变化没有女装丰富，在整个季节的色彩应用上也没有女装丰富，因此，更需要通过色彩的搭配设计来改变男装单调的色彩感或灰暗感，以增加卖场的动感和活力。将"色彩营销"应用到卖场的陈列设计中，首先要充分考虑色彩的情感联想、色彩的进退感，四季色彩等色彩美学，将色彩的明暗、强弱，面积大小，流行色等在卖场的实际设计中进行色彩的规划，让卖场看起来更有层次感和节奏感，并且赢得目标消费者的认可和情感的互动，以此来刺激消费者的购买欲望。

男装色彩搭配有以下三个特点。

（1）色系陈列。色系比单一色彩的陈列具有更强大、更醒目的特点。按同一色系进行陈列出样显得协调且富有层次感，运用在商务休闲男装品牌中比较多。

（2）色彩对比陈列。色彩的互动关系通过对比而形成。按对比色系进行陈列的卖场显得活泼、年轻、动感，一般运用在运动、休闲男装品牌上较多，并通过对比色陈列起到平衡空间的作用。

（3）中性色系陈列。按中性色系陈列是男装中运用最多的色彩陈列，整体显得大气、沉稳。

三、男装陈列方式

1. 设计特点陈列

男装和女装在设计点上有很大的区别。女装的设计点主要在造型设计、款式、色彩的变化上，且款式变化多样，店内服装大多为侧挂，女性消费者习惯一件一件地挑选服装。而男装外形款式变化不是很大，集中在T型或者H型上，主要体现在一些款式细节、内部里布结构及配色、新颖面料、局部流行色点缀、新的花色图案等变化之中，且男性消费者习惯看服装的大感觉，较少一件一件地挑选对比细微的差异。因此，这些设计的特点需要通过陈列生动而巧妙地展示出来，以体现产品设计的新颖性和时尚感，也方便男性消费者的挑选。

2. 连带陈列

连带陈列是根据男性消费者的消费特点而进行陈列的一种技巧，能提升客单价，是促进销售的一种陈列方式。

男性消费者在购买服装时往往更看重便利性，希望能一次性地购买自己想要的货品，或者在导购的指引下一次性购买可以搭配的服装和饰品。在男装门店的陈列中，将商务男士的西服套装、衬衫、领带、皮带、装饰袖扣以及包、鞋子陈列在一起，可起到连带销售的效果，从而提高销售额。

3. 生活方式陈列

生活方式是男装设计师和男装陈列师需要考虑的一个重要因素。男性的生活方式在20世纪80年代之后发生了很大的变革，尤其21世纪以来，工作环境也从单一的办公室发展到咖啡厅、茶室、饭桌等多样化的休闲场所。高效、快节奏的社会环境，让男性更加注重健康、环保、休闲、运动、旅行，因而为迎合男性不同场所的着装方式，推行一种生活方式的陈列设计能够让男性得到对这种生活方式的遐想和认同。

如杰尼亚卖场的陈列总是以一个成功商务男士的形象进行陈列，以时尚的着衣理念激起商务男性对这种端庄、简约而略带休闲的生活方式的向往，产生心理上的共鸣，从而激发消费者的购买欲望。

4. 人体模型陈列

人体模型陈列是将服装、饰品进行精心搭配后穿在人体模型（可以是人台、仿人模特）身上，给消费者直观体验的一种陈列方式。当受众者看到人体模型展示的服装后，第一时间会联想到自己穿着这些服装后的感觉，并且在试穿后，经常会将人体模型穿着的感觉强加到自己的身上，形成一种无法抗拒的心理，从而激起购买欲望。

实践表明，在人体模型身上陈列的服装往往比其他形式陈列的服装卖得更好。当然在人体模型展示陈列时，要尽量展示卖场中当时主推的产品或尺码、规格齐全的商品。否则，卖场中如果只有单件服装，即使消费者喜欢，由于规格、色彩不合要求，也达不到推动产品销售的目的。

5. 变换陈列

总体来说，男装款式开发的数量没有女装多，每一季款式变化也不是很大，且男装不像女装是按一年春、夏、秋、冬四季来开发服装，女装几乎每一周或两周就会有新款上柜；男装是按春夏、秋冬两季来开发的，且上柜的时间也相对比较集中，到季末最后两个月几乎很少有新品上柜。因此，为了让卖场内一直保持新颖感，最好一到两周就能调换服装陈列的位置，让消费者产生视觉上的新颖性，从而激起消费者的好奇心。

四、男装陈列注意事项

在男装店铺的商品陈列中，大多都要体现一种沉稳高贵的风格，这样让男装陈列显得更简单，但是，也给男装店陈列的创新问题提出了更高的要求。如何让男装店在保持男性风格与传统的同时达到新颖的效果，从而吸引更多消费者的注意力，这是男装陈列主要的难题。男装陈列，应把握以下五点基本的注意事项。

1. 休闲装和正装要分区

一般对于男装来说，大风格的划分主要是休闲风格和正装风格。分区要合理，这样做能够体现整齐大气的感觉。如果衣服混杂地放置和陈设，会给消费者带来不好的体验，损害品牌的形象。对于不同的季节，休闲服装和正装的区位也要有所不同，要根据季节和货柜的位置适当地陈列。

2. 陈列店面要宽敞干净

店面宽敞干净给消费者的感觉是整洁、舒适、高档。拥挤的环境给顾客带来压抑的购物氛围，在宽敞的环境里，顾客的感觉要自由、轻松一点，在挑选和浏览衣服时也会比较愉悦。在店铺内可以适当设置休息区，放置沙发、茶几等家具，给顾客以温馨的感觉。

3. 色彩、款式搭配要和谐

这是店铺陈列的重点，也是很多店铺容易忽略的细节。例如，有的店铺陈列西服的时候，很容易忘记搭配衬衫和领带，整个货柜的陈列色彩比较偏暗，如果在西服陈列时也陈列衬衫和领带，不仅有明暗对比，还能促进领带和衬衫的附加销售。有的店铺在陈列时，休闲裤下面放置一双正装鞋，这对于顾客来说，容易造成他们对这个品牌服装的定位产生混淆，因此，服装陈列时一定要搭配同样风格的服饰品。

4. 橱窗展示要醒目

橱窗是店铺的形象代言，橱窗陈设精致，人体模型穿衣完美，会给顾客留下美好的印象，从而记住这个品牌。即便当时顾客并没有进店购买，也可能成为该品牌的潜在顾客（图8-1）。

图8-1 雨果博斯橱窗设计

5. 焦点区位合理应用

在顾客进入店铺时，顾客的正对面和顾客进店右手边的展示墙是顾客最容易看到的区域，也是店铺销售很好的区域，在这样的区域要陈列应季的新品、特色的货品、主推的货品或促销的货品，这样可以全面提升销售力。

任务二　男士正装陈列

正装相对于休闲装显得庄重、严谨，但不同品牌风格侧重点不同，正装有严谨风格、都市时尚风格和经典风格三大类。

在销售场所上，正装高、中端品牌主要集中在高档的购物场所，如上海的国金中心、太古汇、恒隆广场、梅龙镇广场、美美百货等，这类卖场通常为品牌提供较大面积的营业场所，卖场设计与商品陈列追求高品质感及舒适的购物空间，商品陈列不以丰富的铺货量为前提，而是以展示空间的舒展度塑造卖场气氛和品牌形象。中端品牌主要集中在百货商场如上海的东方商厦、汇金百货、永安百货等卖场，汇聚众多中端品牌，这部分卖场商品陈列设计兼具品质感和人气，充分利用销售空间且不忽视品牌形象的表现。大众品牌和其他知名度不高的品牌，在陈列设计中追求销售空间的绝对利用，品牌形象的维护较弱，这类品牌竭尽全力营造货品畅销的状态。

男士正装的产品结构分为上装、下装和配饰类。上装包括西装、衬衫、行政T恤、毛衫、大衣、风衣和其他行政外套；下装主要是行政长裤；配饰类包括领带、皮带、包类、领带夹、袖扣、皮鞋等。

一、男士正装品牌陈列载体

1. 陈列柜

陈列柜是正装品牌陈列的载体，商品摆放在陈列柜中比放置在陈列杆上更具价值感。不同风格的男装在选择陈列柜的材质、色彩和造型上都有所不同。严谨、经典风格的正装陈列柜选择比较稳重的色彩，如深咖啡色、深棕色等，造型也具有内敛气质；而具有都市时尚气息的正装多选择浅棕色、原木色或黑色等，造型简洁轻巧，颇具现代感。

男士正装卖场常用的陈列柜一般分为以下几种：

（1）专用功能陈列柜。如陈列衬衫、领带或皮带的陈列柜。

（2）一般陈列柜。位于壁面，起着划分横向空间的作用，通常在陈列柜内部将陈列杆和层板结合组成陈列体系。图8-2所示为某男装的壁式陈列柜，陈列的产品主要是领带，中式的陈列柜搭配卖场的灯光营造出品质优良的感觉，主要陈列商品——领带在颜色搭配上突出简洁、明朗的感觉。

（3）卖场中间的陈列柜。置于卖场中间的陈列柜，用于陈列衬衫、领带、毛衫或配饰类商品，它们还能与其他陈列载体配合，起到通道设计的作用。图8-3所示也是一种位于壁面的陈列柜，这种陈列柜采用格子的形式进行了分隔，给顾客一种干净、整洁、有次序

图8-2　男装壁式陈列柜

图8-3　某品牌壁式陈列柜与中岛陈列台的组合

的感觉；中间的陈列柜（台）上是两个人体模型组合，中岛陈列柜上陈列了衬衫、领带等物品，这样的组合方式有场景的再现，也有卖场的销售气氛，将品牌的形象全面地展示了出来。

2. 陈列杆

男士正装卖场大多是陈列杆与陈列柜的组合使用，较少单纯使用陈列杆和层板，且多选用短的陈列杆（常见的有60cm和90cm）。由于正装商品结构相对单一，色彩相对稳重，选择过长的陈列杆展示商品易引起视觉疲劳，消费者在选择服装过程中也会失去兴趣。而短陈列杆与长陈列杆或层板等其他载体的综合运用，不仅可以变化陈列的组合模式，更重要的是能够引发消费者在不同载体的引导下挑选商品的欲望。一些具有时尚风格的品牌，卖场中间的四方陈列架，虽然四边是通透的，但较之单纯横向或纵向的陈列杆功能性更强（图8-4、图8-5）。

图8-4　男装陈列图

图8-5　陈列杆与陈列柜的组合使用

3. 陈列板

陈列板选材多是木质，木质较玻璃或铁质材料更有稳重、内敛气质。例如，具有都市时尚风格的品牌，其陈列板选用木质与其他材质结合，如与不锈钢或磨砂玻璃配合使用，具有很强的现代气息。

4. 人体模型

正装卖场多运用完整形态的人体模型，造型稳重较少夸张，人体模型发式和肤色色彩选择也比较常规。也有一些品牌选择比较特别的人体模型，并非造型上的怪异，而是更注重人体模型材质和局部特征的变化。这些充满智慧、有节制变化的人体模型在很大程度上体现了品牌特征以及品牌文化达到的境界。

二、正装西服陈列

1. 正装人体模型全身出样要领

正装的人体模型形象通常比较拘谨、气质内敛，多运用完整的人体模型形态，造型稳重，人体模型发式和肤色色彩选择也比较常规，更注重人体模型的材质和局部特征的变化。

全身人体模型在出样过程中，一定要上下装风格统一，服装应严格按照规定尺码搭配出样。

通常，人体模型出样的服饰尺码如下：衬衫尺码为40～41号，裤子尺码为180/84A～180/86A，正装西服、休闲西服、夹克尺码为175/92A～175/96A，毛衫、T恤尺码为110号，正装皮鞋尺码为42号。

（1）正装西服要与正装衬衫、领带、正装西裤以及正装皮鞋进行搭配出样（图8-6）。衬衫领圈松紧应适当，领带微微上拱。

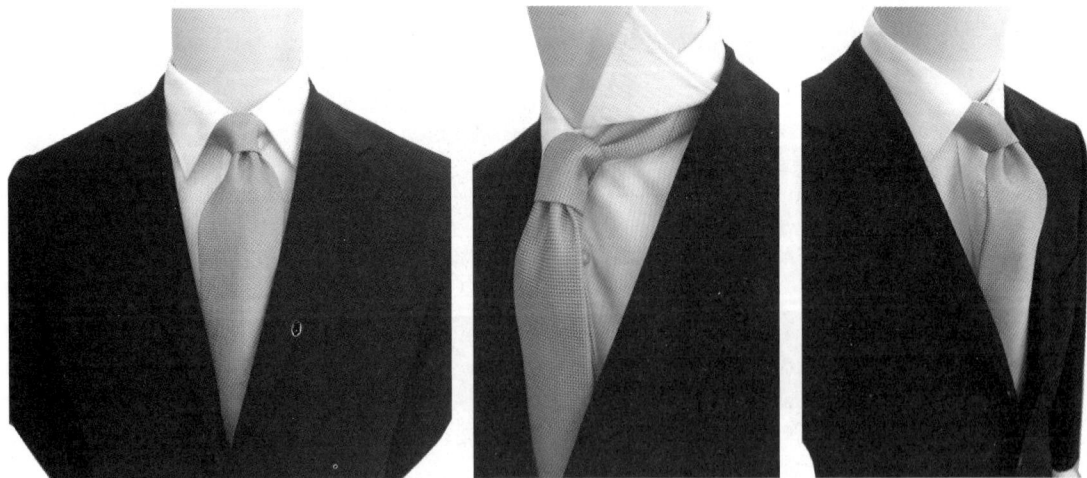

图8-6　正装西服、衬衫、领带搭配图

（2）正装西服腰部、后背及西裤适当做收身处理，可用大头针固定（图8-7）。

（3）正装西服袖口处衬衫袖子外露1～2cm，衬衫袖口扣好。

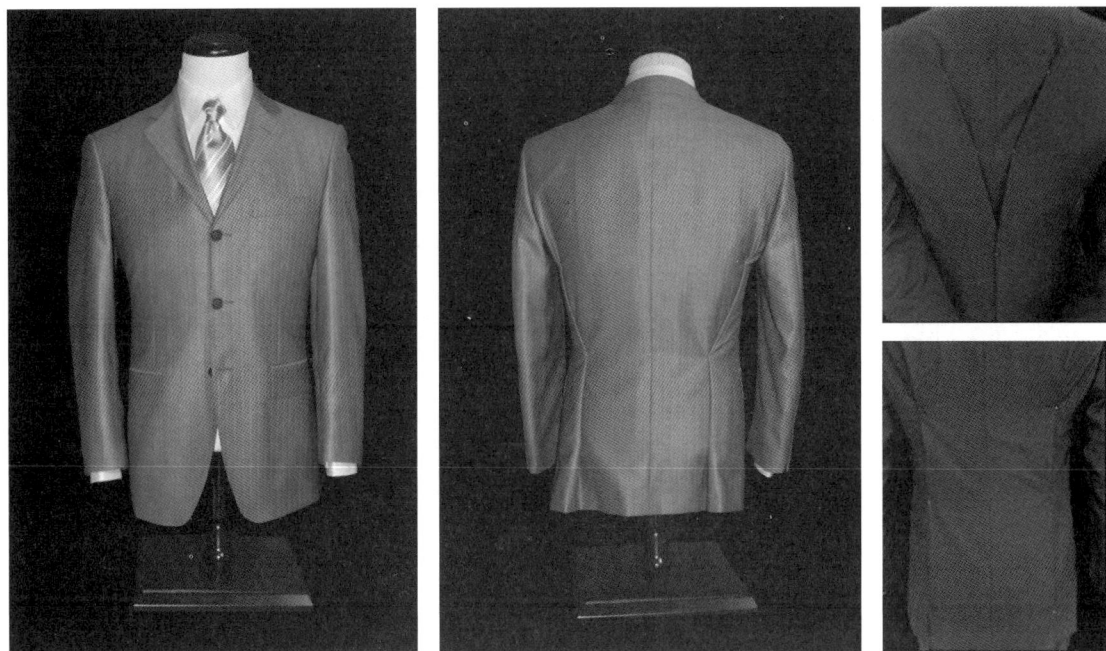

图8-7　正装西服腰背处理图

（4）正装西服系扣法：单排一粒扣，扣与不扣均可（正装建议扣上）；单排两粒扣，扣上第一颗或不扣均可；单排三粒扣，扣上两颗或扣中间一颗（图8-8）。

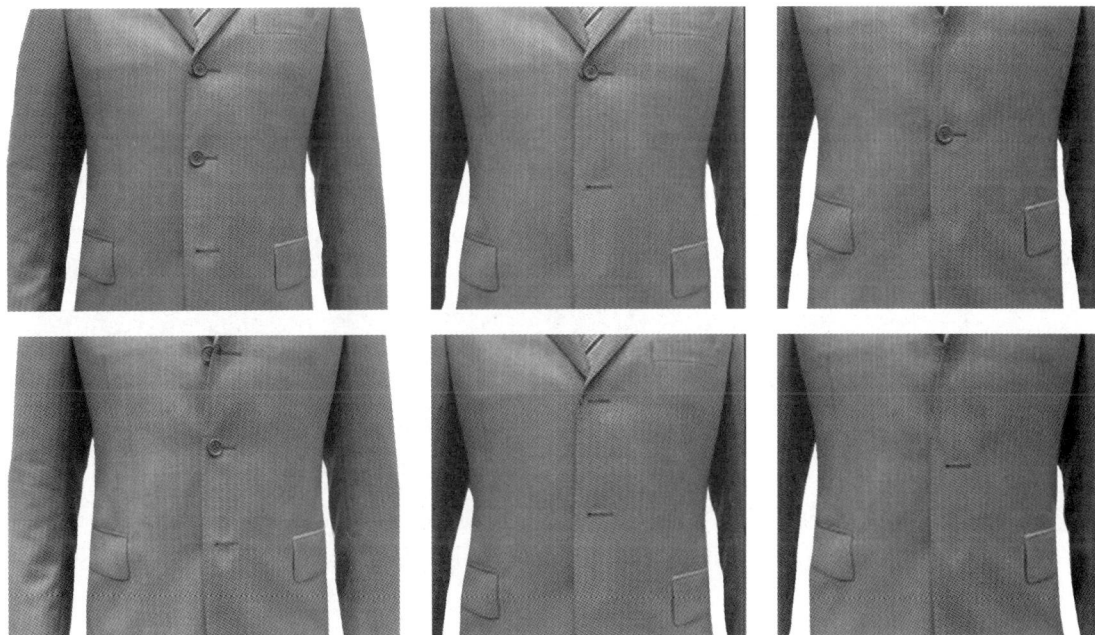

单排三粒扣正装西服扣法　　　　　单排二粒扣正装西服扣法　　　　　单排一粒扣正装西服扣法

图8-8　正装西服纽扣扣法

2. 半身人体模型出样要领

（1）单袖或双袖插入服装两侧下摆下，后背收紧，袖管内用纸衬定型使袖型坚挺（图8-9）。

（2）人体模型高度为85cm，两个半身人体模型同时出样的时候，前矮后高，差距在5cm左右。

（3）人体模型重心要稳，底座要旋紧不可摇晃，以免影响出样的效果（图8-10）。

3. 正装西服高柜正面出样陈列原则

（1）在西服的挑选上应该是当季新品或主推商品。

（2）出样西服在同一高柜，整体色系应统一（图8-11）。

（3）衬衫、领带应该按照色系、纹理、明暗对比等原则进行组合搭配。

4. 正装西服高、低柜侧挂出样陈列原则

（1）同色系的西服、衬衫、领带搭配出样。

（2）侧挂方式：2件西服+2件衬衫+2条裤子或2件西服，上层高柜不得吊挂裤子（图8-12）。

（3）侧挂西服朝向一致（一般朝向店门），衣架挂钩方向统一，西服间距一般8~10cm，不能太过拥挤（图8-13）。

（4）吊挂西裤沿挺缝线对折整齐，前挺缝线一侧朝外。

5. 正装西服低架侧挂出样陈列原则

（1）低架出样的西服应当与对应高柜出样的西服呼应（图8-14）。

图8-9 半身人体模型出样（1）

图8-10 半身人体模型出样（2）

图8-11　正装西服高柜正面出样

图8-12　正装西服高、低柜侧挂出样（1）

图8-13　正装西服高、低柜侧挂出样（2）

图8-14　正装西服低架侧挂出样

（2）货架正对店门的第一件西服搭配衬衫、领带。

（3）货架穿插衬衫或领带1~2组，每组2件或2条。

（4）货架不允许大量堆积商品。

三、男士衬衫陈列

1. 衬衫高柜正挂出样陈列原则

（1）每列悬挂3件同规格（40码）同款式的衬衫，衣钩统一朝向左侧（图8-15）。

（2）衬衫整理熨烫平整，吊牌固定在衬衫第3颗纽扣处。

（3）可搭配邻近色系的领带做组合出样，但务必与整体色系协调统一。

2. 衬衫高柜正面摆放出样陈列原则

（1）衬衫应按照由深到浅，由灰到亮的方法摆放（图8-16）。

（2）衬衫之间的间距相等，尺度为10cm左右，并放上价格牌。

（3）衬衫吊牌需固定在第2~3颗纽扣之间，腰封在第3颗纽扣之上（图8-17）。

（4）有选择地搭配上领带。

3. 衬衫低架、侧挂出样陈列原则

（1）侧挂衬衫按照色系排列出样，衣服朝向及挂钩朝向统一（图8-18）。

（2）侧挂衬衫之间的间距为6~8cm。

（3）一个架杆上一般搭配1~2组衬衫出样，每组2条领带穿插出样，领带选择同衬衫色系且略深。

（4）低架一般不搭配领带。

4. 衬衫低柜叠放出样陈列原则

（1）选择同一货号的衬衫，以每组3件叠放陈列（图8-19）。

（2）叠放的衬衫应按品种、色系出样，并注意保持包装的整洁，如发现残次及时更换。

（3）每一组叠放的衬衫之间间距8~10cm，

图8-15 衬衫高柜正挂出样

图8-16 衬衫高柜正面摆放出样

图8-17 衬衫吊牌位置

以铺满整个低柜为宜。

四、裤子低架吊挂出样陈列原则

（1）相同色系、相同型号的裤子按每组3~4条出样。

（2）吊牌放置裤腰袋中，不允许自由垂挂外露，保持外挂整洁一致。

（3）裤子按中折线对折，用裤架固定，前挺线朝外排列（图8-20）。

图8-18　衬衫低架侧挂出样

图8-19　衬衫低柜叠放出样

图8-20　裤子低架吊挂出样

任务三　男士休闲装陈列

男士休闲装的风格类型比较多变，消费者年龄层及商品价位是划分休闲装品牌风格的重要因素。目标顾客年龄层偏大（30~45岁）的休闲装品牌，品牌风格以轻松随意、自然舒适和时尚都市风格为主流。目标顾客年龄层偏年轻（18~30岁）的休闲品牌，品牌风格多样化，以自然舒适风格、时尚前卫风格、运动风格为主流。

一、休闲装的特点及整体风格

休闲装的产品结构相对丰富，通常以自然舒适风格、运动风格为主，卖场着重体现轻松、舒适的销售氛围。男士休闲装的产品结构分为上装、下装和配饰类。上装包括休闲长袖（短袖）衬衫、长袖（短袖）T恤、毛衫、夹克衫、休闲外套、棉袄等。下装包括休闲长裤、中裤、短裤等。配饰类包括皮带、包类、鞋、围巾、手套、帽子等。

休闲装陈列通常采用气质比较活泼奔放的人体模型，甚至采用造型夸张的场景，如图8-21所示，陈列运用了年轻人喜爱的摩托车作为表现形式，营造朝气蓬勃、年轻有活力的氛围，表现年轻人向往自由、无束缚的生活状态。

依据品牌风格的特点，休闲装的卖场整体色彩、装修风格比起正装卖场更显得轻松、活泼。鉴于休闲装随意、休闲的风格特点，其门店很少采用陈列柜，而是采用容易体现轻松、活泼气氛的陈列杆或陈列架（图8-22）。

图8-21　某休闲品牌男装卖场陈列　　　　图8-22　商务休闲男装卖场陈列

服装品牌的风格特点不仅是产品的风格，同时也包括销售终端风格、形象的各个方面，只有产品风格、终端形象一致，品牌的个性才能显露出来。

二、男士休闲装陈列载体

1. 陈列杆和组件灵活的陈列架

休闲装产品结构丰富，以自然舒适风格、运动风格为主的卖场着重体现轻松、随意的销售氛围。陈列杆及陈列架的材质选择多是不锈钢或铁质材料，色彩以银灰色、深灰色等比较容易与服装搭配的色彩为主。时尚前卫风格休闲品牌较多选择铁质材料，颜色选黑色、红色等具有另类风格或能充分吸引视觉注意的夸张色彩。由于休闲装卖场商品的容量较大，陈列杆和陈列架为主要载体，以悬挂式方式展示商品可以最大限度地利用空间，还可以根据商品的变化灵活方便地摆放商品。

2. 陈列板

设计轻松、精巧的陈列板可以叠放的方式展示衬衫、毛衫、T恤等商品。陈列板可设置于墙面，与陈列杆组合成货架系统。

3. 人体模型

全身或半身的人体模型都可运用，自然舒适风格为主的品牌多选择常规的人体模型，而运动风格、时尚前卫风格品牌多选择夸张、具有个性特征的人体模型，包括肤色和发型都别出心裁。

4. 陈列柜

少量使用陈列柜，考虑到休闲装轻松、随意的特点，有些卖场陈列柜会采用磨砂玻璃或浅色调的木质材料。

三、休闲西服陈列要领

1. 休闲西服高柜正面出样陈列原则

（1）休闲西服（主推或新品）出样一般不搭配领带，可与休闲衬衫、T恤、毛衫组合出样（图8-23）。

（2）休闲西服一般不扣纽扣，单排两粒扣可扣上面一颗，单排三粒扣可扣中间一颗。

（3）服装肩部和袖管内可适当填塞填充物，以保持造型饱满。

图8-23　休闲西服高柜正面出样

2. 休闲西服高、低柜和低架侧挂出样陈列原则

（1）同色系的休闲西服、休闲衬衫、毛衫、T恤搭配出样。

（2）侧挂方式：2件西服+2件衬衫或T恤或毛衫+2条裤子，上层高柜不能吊挂裤子。

（3）侧挂休闲西服朝向一致，挂钩朝向及西服间距同上（图8-24）。

（4）吊挂休闲裤沿门襟对折整齐，侧缝线一侧朝外。

图8-24　休闲西服侧挂出样

☞ **案例拓展：宁波：从"红帮裁缝"发源地到时尚纺织服装名城**

"红帮裁缝"发轫于清末民初，源流在浙江省宁波市鄞州区姜山镇的孙张漕村，发祥地在毗邻该村的奉化江两岸——姜山、云龙、钟公庙、下应和奉化市的大桥、江口、西坞一带。宁波作为当时最早与国外通商的口岸城市之一，不少裁缝曾为红毛人（当时宁波人习惯把蓝眼睛、高鼻子和棕色头发的外国人称为红毛人）裁制过服装，"红帮裁缝"之名由此而来。"红帮裁缝"是近现代中国服装史的主体并经过了漫长的历史轨迹。

在中国服装史上，"红帮裁缝"创立了五个第一：中国第一套西装，第一套中山装，第一家西服店，第一部西服理论专著，第一家西服工艺学校。"红帮裁缝"以上海为中心，影响国内并传播至海外，如新加坡、日本、俄罗斯等国。

红帮技艺以父子、师徒和工场作坊为传承方式，涌现了裁缝状元、巧匠、工艺发明师、国服高手和高级管理人员。他们曾为孙中山先生、党和国家领导人、外国元首制作过精美绝伦的服装。他们创业和创新的精神，有力地推动了宁波当代服装业。

百余年的时间稍纵即逝，如今，对宁波服装企业而言，在沉浮之间，在攻守之际，依靠精益求精的工匠精神和科技创新，续写着"红帮裁缝"的时尚传奇。

尽管海内外的"红帮裁缝"已渐渐老去，但在宁波，"红帮裁缝"的工匠精神依旧流淌在每一件产品中。

1979年，雅戈尔集团从一个小服装加工厂起家，经过40年的发展，如今成为品牌价值近200亿元的行业领军企业。

雅戈尔不仅传承了传统的工艺，还将传统工艺和现代技术相结合，雅戈尔很多专家都是红帮裁缝的传人，雅戈尔创始人李如成认为服装是文化产业、艺术产业，服装穿在身上能体现一个人的内涵、文化和修养。为此，他希望以工匠精神精雕细琢每一件服装。

在工匠精神的引领下，以雅戈尔为首的宁波服装企业通过加大创新投入、品质投入，深耕服装产业"智造"深度和厚度，抢占价值链高端。在雅戈尔西服智能工厂，车间顶部的传输带上，一块块布料、一件件西服有条不紊地"滑行"着，游走在各个工位之间。每一位工人面前都有一块电子显示屏，实时将缝制完成情况输入系统。

无独有偶，在罗蒙集团，"科技创新"的生产理念贯穿一线。为确保罗蒙产品高起点、高品质，罗蒙先后从意大利、法国、德国等国引进先进设备，结合"红帮"传统工艺，成功实现罗蒙的跨越和发展。

与雅戈尔、罗蒙深耕智能制造领域不同的是，博洋控股集团采取的是内部创业与品牌孵化模式。博洋坚信纺织服装时尚产业是创意产业，激活人的因素特别重要。博洋家纺作为国内家纺龙头企业，成功孵化了9个服装品牌，其中的7个年零售额已过亿元。2017年，博洋旗下的创客157产业园获得工信部第二批纺织服装创意设计试点园区（平台）。

一边是工匠精神的传承，一边是科技创新的力量。如今，插上智能制造的翅膀，二者正紧密缝合起来。一针一线之中，斑驳的红帮记忆在当今时代正慢慢鲜活起来。如今的宁波已形成从印染布、高档面料、家纺、服装服饰、纺织机械装备等门类齐全、产业链完备的纺织服装产业体系，正朝着争创国际一流的时尚纺织服装名城昂首前进。

四、休闲服陈列要领

1. 休闲服高柜正面出样陈列原则（图8-25）

（1）正挂出样服装采用3件搭配方式，尺码一致或面大里小的次序排列。

（2）按照季节变化搭配毛衫、T恤、休闲衬衫出样。

（3）服装肩部及袖管内适当加入填充物，以保持服装饱满的效果。

（4）吊牌不外露，上层不挂裤装。

2. 休闲服低架侧挂出样陈列原则（图8-26）

（1）衣服侧挂出样始终保持服装正对顾客浏览视线。

（2）可选择毛衫、休闲裤、T恤、夹克、休闲衬衫等组合出样。

（3）每个品种2~3件为宜，并可按照2件外套+2件毛衫或T恤或衬衫+2条休闲裤的形式侧挂，根据实际情况做适当调整。

（4）吊挂休闲裤沿门襟对折整齐，侧缝线一侧朝外，吊牌不外露。

图8-25　休闲服高柜正面出样

图8-26　休闲服低架侧挂出样

任务四　男装橱窗陈列设计

一、稳健展示法

稳健展示法以体现男性稳重、内敛的性别特点为主，多用在男士正装和商务装风格的店铺中。在橱窗设计时，应选择稳重的人体模型和适合的道具、灯光，营造自信、大方、有型的感觉，整体设计简洁、明朗，体现质感。

二、抽象展示法

男装陈列的道具与饰物都是男性专用品或标志性商品，这些道具与服饰结合的方法与女装橱窗的陈列一样，都兼具商品性与展示性，陈列时应充分利用这一点。男性服饰与道具的组合陈列虽然具有一定的抽象性，但是能够体现出男性服饰的品牌理念。

三、与道具结合展示法

正装与道具的结合在男装的橱窗陈列中可以经常看到，这种方法可以全面直观地表达服饰理念（图8-27）。

四、空间艺术展示法

进行空间再塑造，在有限的橱窗空间内发挥想象力，创造一个全新的空间，以表达服饰所具有的独特性。在空间陈列中，用一种喻义的方式来表达特殊的陈列语言，操作上虽然具有一定的难度，但是这种方法却得到了很多有实力的陈列设计师的青睐，并且成为他们常用的方法。

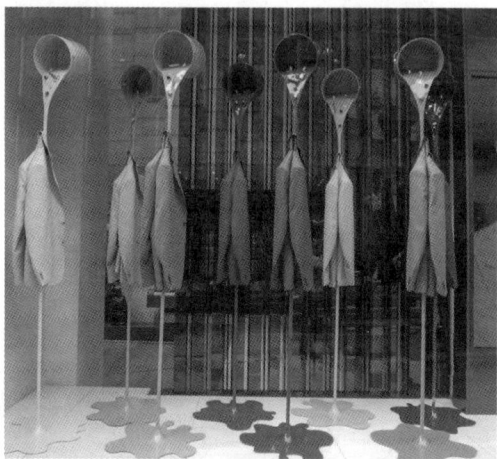

图8-27　康纳利（CANALI）男装橱窗设计

五、简约风格展示法

简约风格是男性追求的一种生活态度，在简约当中体现男性的大度与阳刚之气，不需要太复杂的道具，只用简单的人体模型与灯光就能够很好地体现出来。

简约风格陈列法对色彩与灯光的要求都比较高，如果达不到这两个要求，陈列的效果就会逊色许多。这种方式用简洁的风格展示橱窗，体现品牌男装的简约、大气。此种方法因成本低且运用起来非常方便，被众多品牌男装橱窗展示使用。

六、生活行为展示法

男性的生活行为很早就被运用到橱窗展示中，不但能充分地体现男装的特点，同时也是男装品牌表达自己设计风格的重要方式。生活行为陈列需要将橱窗的空间进行生活化的装

图8-28　生活行为展示橱窗设计

饰，对灯光与道具的应用会比较多，目的是形象逼真地体现出男装的生活化特性。图8-28所示生动地展示了喜爱运动的男士生活行为，量身打造了运动型男士的整套装束。

七、吸引目光法

在橱窗色彩与形态的处理上必须具有强有力的视觉冲击力以及新鲜、独特的创意，引导有意识的注意，能迅速捕捉住消费者的目光，引起视觉兴奋，留下深刻的印象。为了达到这一目的，可以采用以下一些设计方法。

（1）新颖的服装姿态构成，普通的服装陈列形式是用人体模型穿着出样。可以改变它的陈列形式，如用绳子悬挂出样，自然下垂，用衣服组成图案。

（2）夸张处理的抽象道具与文字图形。如可以采用现在较时尚的解构人体模型，拼装人体模型，陶艺作品、玻璃制品、家具产品等。如图8-29所示，在空间的球体中人体模型处于一种漂浮状态，仿佛被棒球带着飞，巨型棒球也带给人们很强烈的视觉冲击力。

图8-29 吸引目光的男装橱窗设计

（3）背板强烈色块的对比，可使用色彩构成等原理衬托服装。

（4）特殊灯光的运用。后背板可使用装饰性灯光，服装照明可使用重点灯光，也可采用一些有特色的灯光道具。

（5）有趣的声动效果。在橱窗中安装声控的欢迎语，如"欢迎光临、欢迎惠顾"等，当顾客走近时就可即时听到，从而产生入店兴趣。

（6）反常的处理手法。如男装商品陈列时加入一些女性的元素，从而使男装被衬托得更加伟岸。

☞ 课外拓展

实训项目：男士正装、休闲装陈列调研

任务解析

（1）实训目的：深入门店了解男士正装、男士休闲装的陈列方式，掌握不同类型男装的陈列特点。

（2）实训要求：学生4～6人组成一组，做好小组分工，协同调查，共同完成设计内容。

（3）实训操作：选择具有一定代表性的男士正装和休闲装各两个品牌，深入该品牌卖场进行调研，分析男士正装、休闲装陈列上的不同特点，并对比分析该男装卖场的各类陈列要素、陈列方式的优劣。

（4）实训结果：撰写调研报告并制作PPT，进行课内汇报。

职业素养任务

（1）收集整理"红帮裁缝"制作西服的"四个功""九个势"和"十六字标准"，并思考如何将"红帮裁缝"制作西服的技艺融入男装陈列。

（2）红帮文化的核心是"敢为人先、精于技艺、诚信重诺、勤奋敬业"，在服装陈列职业中，哪些方面能体现红帮文化？写出自己的感想，并将之融入日常行为。

🌐 学习目标

1. 能力目标

（1）运用女装陈列的几种方法进行出样设计。

（2）设计不同构图的女装橱窗。

2. 知识目标

（1）了解女装陈列的一般原则和方法。

（2）掌握女装出样的几种方法。

（3）掌握女装橱窗陈列的几种构图方法。

◎ 导入案例

服装店的跨界玩法

2022年4月，运动品牌李宁申请了"NING COFFEE 宁咖啡"的商标。咖啡赛道本就滚烫，国潮品牌入场，平添几分热闹，行业内外都在猜测李宁要把咖啡当品牌增长第二曲线。

零售业玩法千千万，跨界开咖啡店实在算不上什么新鲜事儿。

拉夫劳伦（Ralph Lauren）2021年4月在北京三里屯太古里一层开设的精品旗舰店，是一家"Ralph's Coffee"。

更早的时候，2013年，阿玛尼首家概念咖啡馆"Emporio Armani caffè"在法国戛纳开业。2017年，大陆首家阿玛尼咖啡厅在深圳宝安开业。

2015年，博柏利把首家咖啡餐厅"Thomas's"开在伦敦旗舰店内，延续品牌浓郁的英伦风。2020年，博柏利将"Thomas's"咖啡店带到深圳，是全球第二家，也是亚洲首家。

2020年2月，路易威登在日本大阪心斋桥的最新旗舰店开幕，顶层是一家"Le Café V"咖啡厅。

这些品牌们，博柏利、阿玛尼、路易威登与拉夫劳伦等，为什么都看上了咖啡店生意，难道想单挑星巴克，绽放"第二春"吗？为什么服装品牌热衷于"服装＋咖啡"呢？

提升品牌体验是正经事儿

李宁官微2022年4月30日发布了"李宁厦门中华城旗舰店"开业消息，透露了"NING COFFEE"正式落地第一站。

"NING COFFEE"在旗舰店一角，毕竟，2000m²的旗舰店，货品全、人流大，逛累了，喝杯咖啡歇歇脚，会提升门店的体验舒适感。这么一个惬意空间，平日也可做李宁线下活动或者粉丝聚会。但这种规模的咖啡店，不会在所有李宁门店开出。

其实，李宁官方回应了市场的猜测，开"NING COFFEE"，是希望通过优化店内服务，提升顾客在购物时的舒适度和体验感。在店内提供咖啡服务，将会是李宁针对零售终端消费体验环节的一次创新尝试。

像同行和前辈们一样，"NING COFFEE"的重点落在："针对零售终端消费体验环节的一次创新尝试。"

事实上，如果单从商业角度，品牌们开出类似咖啡店很难是个赚钱生意。毕竟，这些咖啡店大多开在黄金地段，房租都很贵，遑论盈利。

那么，阿玛尼、路易威登，甚至国潮品牌李宁的意图是什么？

不是通过咖啡盈利，而是拓展用户消费场景、丰富消费体验。尤其对于奢侈品，一杯咖啡、定制餐具、独具匠心的设计……体现出品牌的质感与调性、所代表的生活方式，会慢慢融入消费者的生活，打破品牌的高冷气质。

本质上，品牌们做价格更亲民的咖啡，有利于用户到店消费频率提升，还能拉近品牌和消费者的距离，巩固品牌在消费者心中的位置，一举多得。

💡 任务描述

现在是春季末，AZ店铺夏季第一波货品还未上货，而外面的天气已经热了，很多人开始穿短袖出街。该女装店的店员很苦恼，因为店内的销售近期似乎处于停滞状态，于是店员将该情况向AZ公司一位资深的陈列师反映，请专家来店进行指导。陈列专家到店观察之后发现，该门店并不缺少顾客，很多的老顾客来店，但到店之后说得最多的一句话是："你们夏装还没上呀？这些衣服一看就热，谁还买呀？"

的确如顾客所言，店内的货品整体材质偏厚，让顾客没有太多的购买欲望，长袖的货品家里有不少，就算买了也穿不了两天，难道只能等着上新货吗？

陈列师经过思考之后开始进行整改，他让全店人员动手，将所有羽绒服、大衣、羊毛衫、高领衫等商品全部撤下装箱，接下来让店员把春款中为数不多的短袖、中袖、针织开衫进行重复出样，并按夏季的状况更换所有的点挂和人体模型，所有调整在1个多小时后就完成了。

陈列师重新审视调整后的整个店铺，感觉清爽了许多，所有员工也是心情一片大好。陈列带来的效果也立竿见影，当晚营业结束的时候，销售额就比前几天翻了好几番。

结论：陈列应该随着季节的变化而变化，在条件有限的时候，陈列方式的改变可能会带来意想不到的神奇效果。

AZ女装品牌认识到了店铺陈列改变带来的效益，决定为所有门店的店长和店长助理进行一次女装陈列的培训，内容涉及女装陈列的一般原则、方法，橱窗陈列方式等内容。

📚 知识准备

女性对色彩较男性有更敏感的反应，对时尚的敏感度也更强，因此，女装店铺陈列要反映流行性和时尚性，同时要考虑色彩的分区，对流行款式和流行色彩进行重点陈列，强调设计、素材、色彩之间的调和，再根据其商品主题的概念，设计整个的卖场陈列和橱窗陈列。

在陈列上，要以让女性顾客停留更长时间为原则，店铺陈列根据品牌目标顾客的偏好、商品的特征等进行，突出品牌的内涵，展现品牌气质。

任务一　女装陈列原则和出样方法

服装是时尚产业中最核心的产业，女装不仅引领着服装配饰趋势，还引领着时尚周边产业的发展趋势。女装终端卖场陈列展示的目的是为销售服务，是商家实现营销目标最直接、最有效的一种方法。同时，通过品牌陈列可以宣传自己的品牌理念，树立企业形象，运用科学的展示陈列方法，有效提高女装品牌的竞争力。

一、女装陈列原则

1. 市场定位明确

在品牌服装终端卖场展示的形象中要遵循市场性原则进行设计，即品牌服装公司通过对市场的调研，了解消费者的消费习惯，并以满足消费者的消费需求为宗旨来明确终端卖场理念、整体形象定位等。

扫一扫，看微课

2. 迎合时尚潮流

女装每年都有不同的时尚流行元素和风格，每一季的流行元素也各不相同，款式设计更是千变万化。人们的消费心理是购买当季流行的服装，因此女装品牌应求新求变，始终保持领先于消费者的思想观念，创造时尚、引导时尚，这也是维持品牌持续发展的动力所在。对于流行趋势的判断和理解，也是决定终端卖场形象的重要力量，终端卖场展示的整体形象中，各要素必须与时尚潮流相一致并融合在一起。

3. 品牌形象与理念一致

品牌在卖场的展示应遵循形象与理念一致的原则。一是终端卖场展示设计风格与定位及理念、视觉、行为等方面应保持一致。二是品牌服装一旦确立了自己的终端卖场形象后，要保持其连贯性和统一性，不宜随意更改，以免造成卖场形象的混乱。

4. 视觉形象差异化

女装除了在设计定位上要与其他品牌有所差异外，还应在进行终端卖场形象设计时体现出差异性。所谓差异化原则是指品牌服装公司在设计与展示时，突出自己的品牌文化内涵和特性，形成与其他品牌与众不同的定位设计。差异化可以使个性的卖场形象得以树立，让消费者在服装市场众多同类品牌中很快将本公司品牌识别出来。

5. 审美形象易记

品牌服装进行卖场展示形象设计的目的，一是树立自己的品牌形象，二是让消费者不断看到、接触卖场的形象，记住自己的品牌卖场形象。女装品牌要想让大众认识并记住它，应该运用好的、有特点的表现手法来设计卖场形象，对构成终端卖场各要素进行分析与归纳，

在一个合理的、科学的框架内对构成要素进行设计，其目的是销售。

二、女装陈列出样设计

女装在陈列时应把服装款式、颜色、质地和配饰组合搭配完美地呈现在顾客面前，即视觉陈列符合消费者的需求，才能吸引并留住顾客，这也是展示成功的核心要素。

女装陈列中最常见的出样基本形态有正挂出样陈列、侧挂出样陈列、折叠出样陈列、人体模型出样陈列以及组合出样陈列等。

1. 正挂出样陈列

正挂出样是将需要突出陈列的服装进行正面陈列的一种方法，这种陈列方式能够正面看到商品，将服装的正面全貌展现在顾客面前，可一眼看清服装的款式和特色，对顾客具有较强的吸引力。女性购物比较感性，正挂能够将色彩、款式、特点等表现出来，对于女性购物者来说，正挂的出样方式比较容易吸引顾客的注意力。

女装的款式、色彩和风格多样易变，也正是因为这样，正挂在女装陈列中的重要性越加明显。正挂能将款式中的亮点、色彩的全貌以及整体的风格展现出来。如图9-1所示，正挂能较完整地展示品牌的主推款式、主打色彩，更便于顾客选购，也能达到吸引顾客进店的目的。

2. 侧挂出样陈列

侧挂出样是采用组挂的陈列形式，既可以保证较大的存放量，又能够全面突出商品系列感及体现组合搭配，在实际销售过程中，便于顾客拿取和试装（图9-2～图9-4）。但侧

图9-1 女装正挂出样

挂不能看见服装的全貌，只能看到局部，对于一些在领子、前襟有特殊设计的服装，就不能突出其特点。

图9-2 女装侧挂出样

图9-3 女装正挂、侧挂垂直陈列

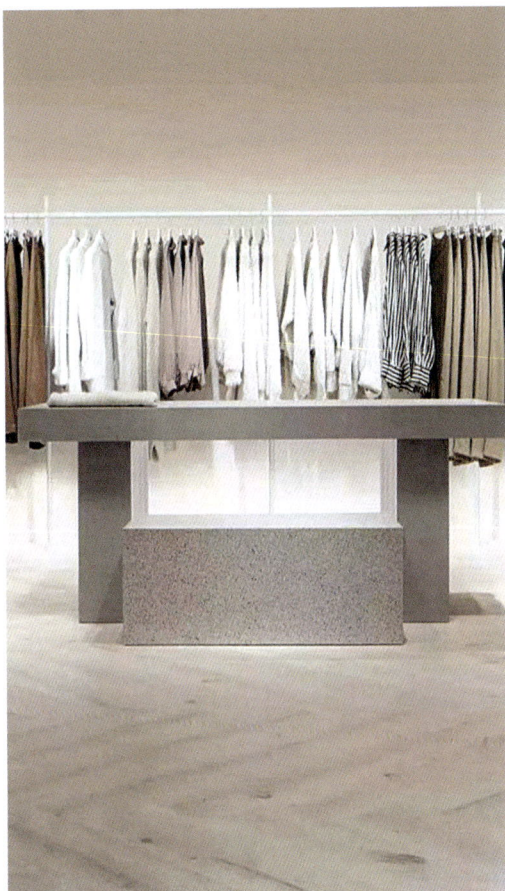

图9-4 女装侧挂出样色彩搭配

3. 折叠出样陈列

折叠出样一般用于毛衣、牛仔裤、T恤等商品陈列，其优点在于具有储存货物、展示局部特色、体现色彩搭配等作用，主要是货架、层板、展示桌上做摆设式陈列，能够陈列大量的商品；缺点是只能看到局部的款式和色彩（图9-5）。

图9-6为某品牌的陈列图，图中展示了人体模型出样和折叠出样，其中的折叠出样非常显眼夺目。店铺中岛的折叠出样整齐，采用彩虹式的色彩搭配方法，显得色彩丰富。因为数量大，颜色丰富，给人感觉非常醒目，既能陈列大量的货品，又能作为背景吸引顾客的目光，两侧的低柜同样叠放了很多货品。对于款式变化不多而色彩多样的商品，折叠出样可以通过色彩的搭配，货品的数量来吸引消费者的注意。

4. 人体模型展示

人体模型展示就是把服装直接穿套在人体模型身上，给人一种真实感，全方位立体表现服装的形象，可以把服装的细节充分展示出来（图9-7）。

图9-5　女装折叠出样

图9-6　女装折叠出样色彩搭配

图9-7　女装人体模型展示

　　人体模型的造型比较多，从风格上可划分为写实和写意两种，前者比较接近真实的人体，后者比较抽象。从形体上还可分为全身人体模型、半身人体模型，以及头、手、腿等局部模型。

　　人体模型陈列的优点是将服装用最接近人体穿着状态的方式展示，可以将服装的细节展示出来。人体模型陈列的地点通常是在店铺的卖场里最显眼的位置，人体模型出样的服装，也往往是本店重点推荐或最能体现品牌风格的服装。

　　人体模型陈列也有其缺点，首先是占用的面积较大，其次是服装的穿脱很不方便，同时也要注意控制卖场中人体模型陈列的比例。

　　5. 组合出样陈列

　　组合出样是上述两种或两种以上的出样形式组合起来的陈列形式，这也是服装店铺陈列中普遍应用的一种出样方式。组合出样可以使陈列方式富有变化，更丰富多彩。但要注意，在组合出样中，几种出样形式要主次分明，突出重点，切忌面面俱到，使陈列过于平淡（图9-8、图9-9）。

图9-8　人体模型与正挂、侧挂组合出样　　　　图9-9　人体模型与侧挂组合出样

任务二　女装橱窗陈列设计

　　女装橱窗陈列在吸引女性进店率方面有非常卓越的成效，很多女性是看了橱窗之后，对新一季的款式和颜色产生了了解，并被吸引进店挑选购物。

一、正三角形构图

　　正三角形构图是指橱窗陈列中人体模型以正三角的形状进行构图的橱窗展示方法，给人以平衡、稳定的感觉，能烘托氛围、增强气势，通常使用在节日或大型活动的橱窗陈列构图中（图9-10）。

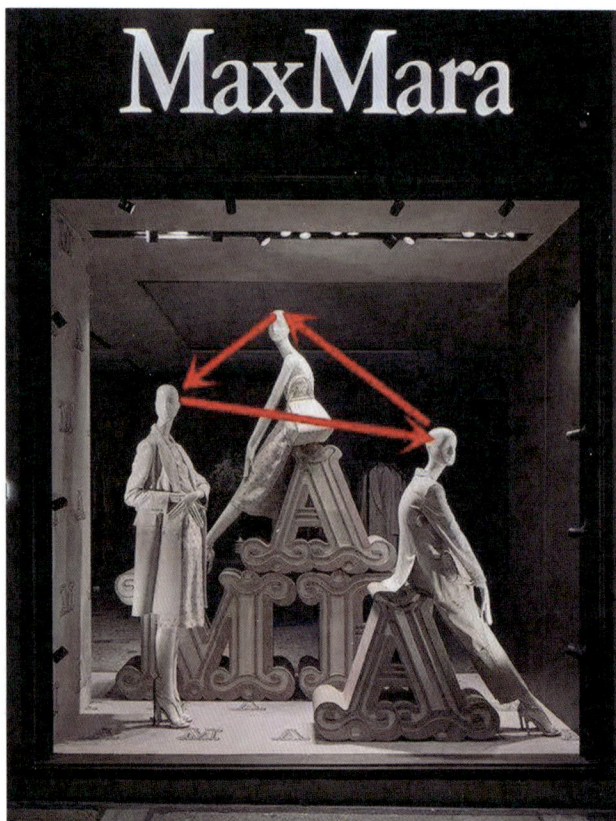

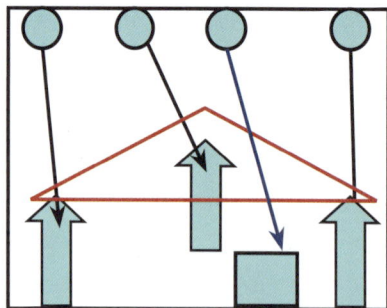

图9-10 正三角形橱窗陈列构图及灯光

正三角形构图的灯光应遵循稳定、坚固的原则，勿交叉打灯，要突出整体性（图9-11）。

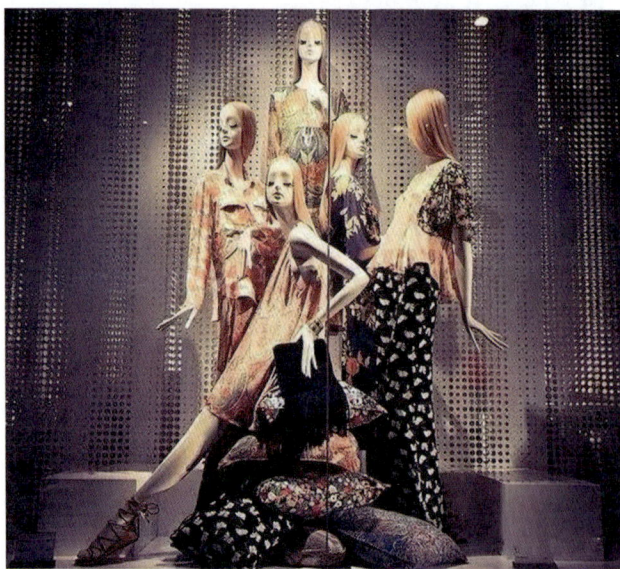

图9-11 正三角形橱窗陈列构图实例

二、倒三角形构图

倒三角形构图是指人体模型之间形成倒三角形状进行构图的橱窗展示方法，这种构图同正三角形构图一样给人以平衡、稳定的感觉，并强调视觉焦点，一般用于饰品与人体模型共同展示的橱窗（图9-12）。

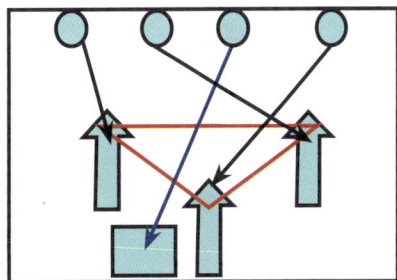

图9-12　倒三角形橱窗陈列构图及灯光

倒三角形构图的灯光应遵循强调重点的原则，交叉打灯，以突出主体（图9-13）。

图9-13　倒三角形橱窗陈列构图实例

三、斜三角形构图

斜三角形构图是指橱窗陈列中的人体模型或陈列重点以斜三角形的形态进行展示的构图方式，这种构图方式给人以轻松、活泼的视觉感受，同时与背景相结合，营造轻松的氛围，一般运用于商品较丰富的橱窗陈列（图9-14）。

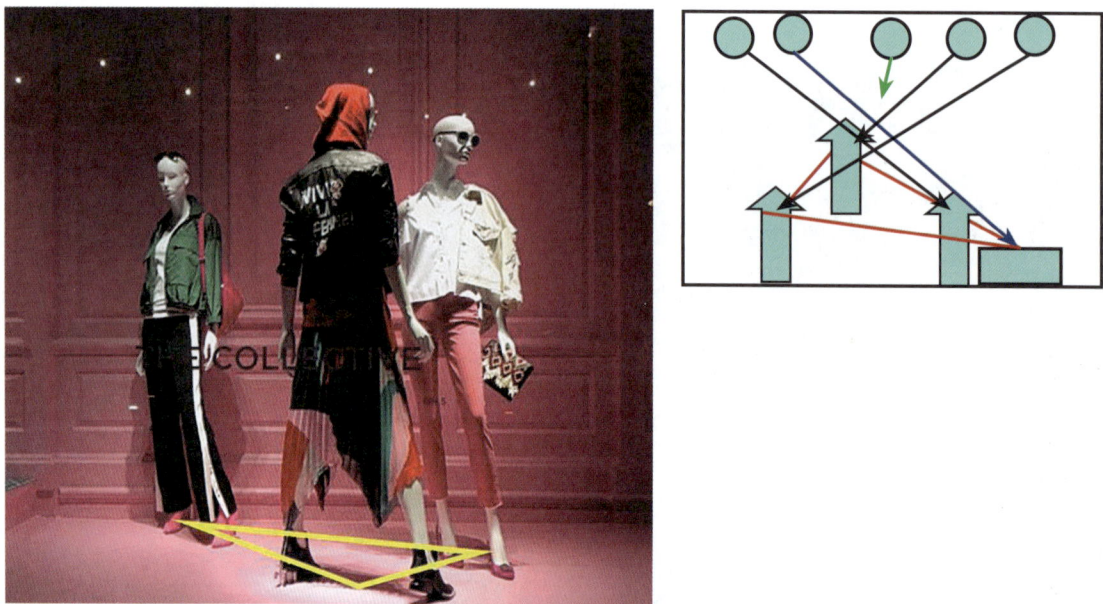

图9-14　斜三角形橱窗陈列构图及灯光

斜三角形构图的灯光遵循突出场景式氛围的原则，采用交叉打灯加上背景灯的方式，表现整体氛围，增强橱窗陈列画面感（图9-15）。

图9-15　斜三角形橱窗陈列实例

四、其他构图方法

前文所说到的正三角形、倒三角形及斜三角形的橱窗构图方法主要用于橱窗人体模型较少的情况，除了这三种橱窗构图方式外，还有一些其他的构图方法（图9-16、图9-17）。在本书的项目四橱窗设计中有详细的论述。

图9-16　迈宝瑞平行构图橱窗陈列

图9-17　人体模型较多的橱窗陈列构图实例

知识链接：唐代服装中的色彩搭配

服饰文化有着悠久的历史，蕴含了丰富的社会内涵。中国历史上各个朝代的特色服饰都代表了这一时期的社会风貌和人们的审美偏好，也成为服装发展史上独一无二的风景。唐代作为中国历史上文化大发展、大繁荣时期，在服装方面的呈现也是丰富多彩的。

唐代的社会风气比较开放，经济和文化的繁荣也让民众的服装越来越向着华丽的方向发展。工艺和装饰大都使用花卉作为衣服的图案，构图比较自由，艺术风格也倾向于表现丰满、自由的美感，能够随心所欲地描绘设计师的设计理念。

受外来文化和制作工艺的影响，唐代的纺织和印染技术都有所进步和提升，这就为唐代服饰在色彩方面提供了更多的可能性，让色彩变得更加丰富多彩，形成多样化的审美趣味。

唐代女性偏爱绚丽的色彩，这是唐代服装最为显著的特点。通过历史记载可以看到，女性无论身份高低，都喜爱华丽的服装。她们大都向往自由的生活，因此性格比较奔放，喜爱红色的亮眼夺目，另外，绿色的清爽宜人和白色的纯洁素雅也成为女性的首选，这三种都是比较常见的服装颜色。

除此之外，紫色和黄色的服装也比较受到唐人的推崇，这两种颜色会将女子衬托得更加明艳动人。贵族阶层的衣服都比较华丽，因此金色和银色也是她们的首选，再搭配上精致的纺织工艺和精美的图案花纹，给人一种大气磅礴的美感。蓝色和青色由于在制作工艺和染料方面比较容易，也被应用到很多方面，如画师绘画等，可以增添作品的艺术魅力。

除了比较明显的色彩偏好外，唐人在不同色彩之间的搭配方面也有自己的讲究和独特的审美习惯，能够根据自己的喜好来进行服装选择。唐代服装色彩的搭配有很多种，不同的搭配所呈现出来的效果也不尽相同，选择适合的搭配也能为个人的整体形象增光添彩。

唐代女子的服装以红绿搭配最为常见，红裙子和绿上衣的搭配会让人显得比较开放，体现出个人开朗活泼的性格。其次是红黄搭配、紫红搭配，给人一种温暖、和谐的感觉。绿色和白色的搭配给人一种小清新的感觉。此外还有红色和白色、紫色和银色的搭配，给人视觉上强烈的冲击。

每一种搭配都有自己本身的独特性，比如紫色和红色搭配的服装会显得比较喜庆，紫色和黄色的搭配给人一种大气的感觉，绿色和白色的服装则会比较小家碧玉一些，各种色彩之间的搭配和碰撞会焕发出不一样的效果，能够适用到不同的场合。

总的来说，唐代的色彩搭配有三种大致的归类，一是撞色搭配，即冷暖色调的搭配；二是近色搭配，即相近颜色的组合；三是白色和其他颜色的组合，能够更加突出其他色彩的效果，吸引人的目光。这几种搭配方式不仅在唐代社会流行，在今天的服装色彩搭配方面同样可以看到，足以证明其影响深远。

☞ 课外拓展

实训项目：AZ女装店铺陈列方案设计

任务解析

（1）实训目的：掌握女装店铺陈列方案的设计要点，在此基础上，为AZ女装店设计出样陈列和橱窗陈列方案。

（2）实训要求：学生4~6人组成一组，做好小组分工，共同完成设计内容。

（3）实训操作：调研市场上当季女装设计风格，挑选出适合出样的款式，并根据时尚行情设计当季橱窗。调研时最好能带好拍摄设备，做好相关记录，以辅助说明问题。

（4）实训结果：完成AZ女装店出样陈列和橱窗陈列方案设计稿。

职业素养任务

（1）养成积极思考和创新的习惯，培养创新能力。女性购物容易受场景影响，因此女装陈列需要更多的创新能力。创新能力是一种综合能力，主要包括系统性思维能力、创造性思维能力和实践能力。

（2）养成系统思维、创造思维的习惯。能将原则性和灵活性相结合进行思考，能从整体出发，处理好整体与部分，整体与环境的关系，放眼全局，并能从多角度、多层次、多方位去思考，形成开放性、扩散性、综合性的思维方式。

（3）能积极地将创造性思维转化为实践。通过动手实践去检验、修正和优化头脑中形成的创造性思维，使自己能获得并运用以行动为向导的知识，进而不断提升自己的职业能力。

学习目标

1. 能力目标

（1）对一个品牌能进行完整调研并分析其目标客户群体。

（2）熟知陈列的视觉营销趋势，并能运用到橱窗陈列设计中。

（3）利用思维导图的模式，能确定品牌的橱窗陈列设计主题。

（4）能进行概念板的制作，并准备好橱窗陈列所需的商品和道具。

（5）能完成一个品牌的橱窗陈列制作。

2. 知识目标

（1）熟知品牌调研，分析客户群体。

（2）如何在 WGSN 官网中搜索视觉营销趋势分析报告。

（3）了解思维导图学习模式，会做概念板。

（4）熟知橱窗陈列实训中需要做的准备。

任务描述

　　店铺陈列的目的就是扩大销售。英国塞尔福里奇百货公司的创意总监阿兰娜·韦斯顿（Alannah Weston）曾经说过，"顾客是编剧，提供剧本内容，而我们就是做幕后管理和营销舞台效果，并将它们生动地呈现于生活中的人"。作为店铺视觉陈列师，需要巧妙地将商品和品牌特征结合在一起，通过橱窗展现吸引顾客进入店铺，然后再通过店内的陈列和布局让顾客在店内逗留，并得到良好丰富的购物体验，扩大目标客户群体，从而扩大销售。在学习了橱窗设计和店铺陈列的基本知识后，学生要模拟视觉陈列师进行一次陈列项目实训，自行选择一个品牌进行该品牌的橱窗陈列设计。从最初的想法出发，学生需要创建一个灵感本，记录整个项目的过程和灵感的来源、发展以及成形。项目结束后，学生需要上交一本灵感本（内容包含视觉营销趋势分析、品牌分析、顾客分析、思维导图，灵感阐述、概念板、道具板、橱窗陈列设计稿）和橱窗陈列最终的实地照片。

知识准备

　　视觉陈列师的日常职责是管理、监督橱窗的陈列设计以及店内商品的陈列展示。视觉陈列师需要提前规划一年中的陈列安排，并根据品牌特征或百货商店特点制订陈列方案并实行。在实际工作中，规模较大的视觉营销团队可以分工合作，共同完成一个品牌或是百货商店的陈列设计。视觉陈列师在设计橱窗陈列方案时，首先需要明确主题和想要展现的品牌基因。同时，橱窗陈列师还需要将视觉营销的趋势、陈列创意、目标客户、商品、道具、预算等因素结合到橱窗设计中。

陈列项目实训考查的是学生的整体协作能力，即如何将一个品牌通过橱窗陈列的方式推广出去，去获得更多的顾客而进一步提高销量。学生在进行实训时，应具备品牌调研分析能力、品牌目标客户分析能力、思维扩散能力；制作主题概念板的能力，以及现场制作橱窗陈列的能力。同时，学生在实际操作时，可能会遇到许多在前期准备中发现不了的问题，这也可以帮助学生提高遇到困难解决问题的能力。

任务一　陈列项目布置和流行趋势分析

陈列项目实训需要学生结合橱窗陈列知识点，选取一个品牌，完成该品牌的橱窗陈列展示。该陈列项目设置8个课时，学生从品牌选取开始，完成视觉营销流行趋势的分析、品牌基因调研、品牌目标客户研究分析、思维导图扩散、陈列主题方案确定、橱窗陈列设计稿到最后的实地操作。

一、橱窗陈列项目作业布置

在接下来的8个课时中，学生首先要独立完成一个项目，即选取一个自己喜爱的品牌，为其制作一个当季度或是下个季度的橱窗设计。学生在最终上交实训作业时，需要交一本灵感调研本和品牌橱窗陈列的设计图片。在实训的前期阶段，学生需要根据实训项目清单（表10-1）完成每项作业，老师会对其辅导并给出指导意见。同时，学生需要提前准备好自己展示的商品、道具等，对于能提前在校内租借的道具，如人台、人体模型等，需要提前申请。在项目的后期阶段，即实地操作时，学生需要进入实训场地，把前期做好的方案展现到自己的橱窗展示设计中。设计完成后，学生需要对最终的橱窗设计拍摄成品图，并放到自己的项目调研灵感本中。橱窗陈列项目实训提供给学生一个将理论知识和实践操作结合在一起的机会，学生通过项目实训，找到自己理论知识和实践能力的不足，进而在日后的学习和巩固中得到提升。

表10-1　陈列实训项目清单

项目作业清单	子项目分类	修改意见
前期准备：灵感调研本（电子稿+打印版）	视觉营销流行趋势分析	
	品牌调研分析	
	品牌目标客户分析	
	思维导图	
	灵感主题阐述	
	主题概念板	
	商品和道具说明	
	橱窗陈列设计稿	
实地操作	橱窗陈列以及最终实地照片	

二、视觉营销流行趋势分析

1. 了解视觉营销流行趋势

把流行趋势以橱窗陈列的形式表现出来，是视觉陈列师必备的能力。和流行时装一样，了解未来的流行趋势，能够帮助视觉陈列师的橱窗陈列设计更好地吸引顾客的目光。时装周中的各大品牌的新品发布会是了解流行趋势的重要途径，视觉陈列师可以根据时装秀的作品、风格布置来装饰自己品牌的橱窗。同时，时装秀上的舞台布置、灯光也给橱窗陈列设计带来了许多灵感。除此之外，许多网站，例如，WGSN全球专业流行趋势分析平台网站，每个季度都会提供不同种类的趋势分析报告。其中的视觉营销趋势分析报告（Visual Merchandising Forecast）就给橱窗陈列设计师提供了最新的流行趋势预测和橱窗陈列灵感。视觉营销流行趋势报告一般包含预测的主题名称、主题简介、主题基调、道具与固定装置、照明、人体模型、材料等。

图10-1～图10-4为2019/2020秋冬视觉营销的趋势预测报告之一"匠意（Purpose Full）"中的四页。该报告主题是永恒感和耐用感的设计，主题颜色采用精致复古和怀旧的颜色，如姜黄色、棕色、奶白色。整体的设计风格偏向极简。该报告指出：与产品一样，许多消费者开始注重可持续性发展，希望品牌企业也能承担社会责任，即将保护环境和可持续性发展的概念结合到店铺的视觉陈列设计中。因此，根据该趋势分析报告，橱窗陈列设计师在橱窗陈列主题的制定或是一些道具的选择中可以将可持续性发展的概念融入品牌基因中，紧跟社会潮流，吸引大众目光。在店铺橱窗陈列设计的颜色选取中，可以大量利用姜黄色、棕色等具有复古怀旧的颜色来吻合流行趋势的发展。

图10-1　2019/2020秋冬视觉营销趋势预测"匠意"简介

图10-2　2019/2020秋冬视觉营销趋势预测"匠意"基调

图10-3　2019/2020秋冬视觉营销趋势预测"匠意"道具与固定装置

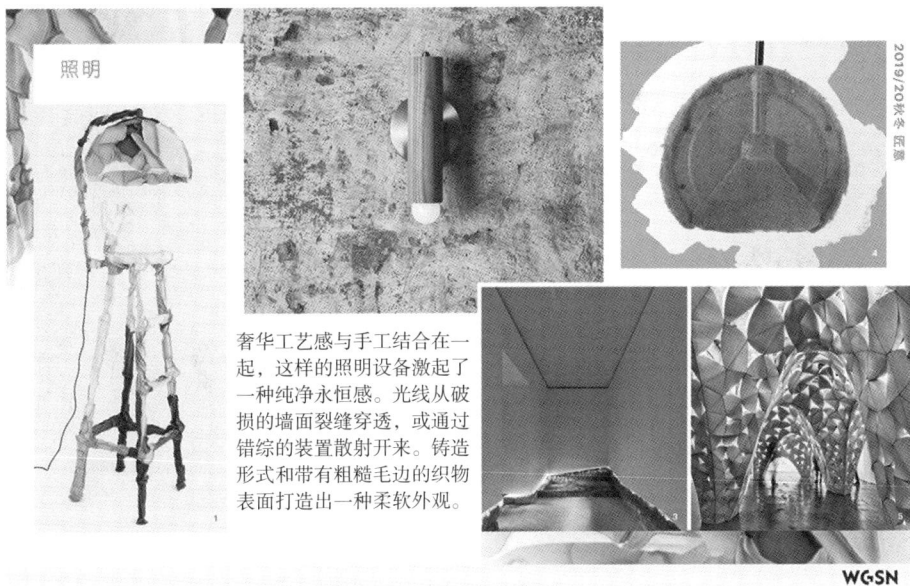

奢华工艺感与手工结合在一起，这样的照明设备激起了一种纯净永恒感。光线从破损的墙面裂缝穿透，或通过错综的装置散射开来。铸造形式和带有粗糙毛边的织物表面打造出一种柔软外观。

图10-4　2019/2020秋冬视觉营销趋势预测"匠意"照明

　　图10-5～图10-7为2020春夏视觉营销的趋势预测报告之一"解码（Code Create）"的其中三页。该报告强调探索科学和自然之间的关系，关注未来科技创新技术。该趋势强调未来主义美学，让视觉陈列设计师从科学技术、自然界生物外形中获取灵感。因此根据该趋势报告，橱窗陈列设计师可将科技创新技术和品牌基因融合，用神秘的照明道具设置，展现未来主义的美学。同时，橱窗陈列设计师还可以从微生物的动物形态中来设置橱窗陈列的道具，利用彩虹色和金属渐变色来展现神秘的美学氛围。

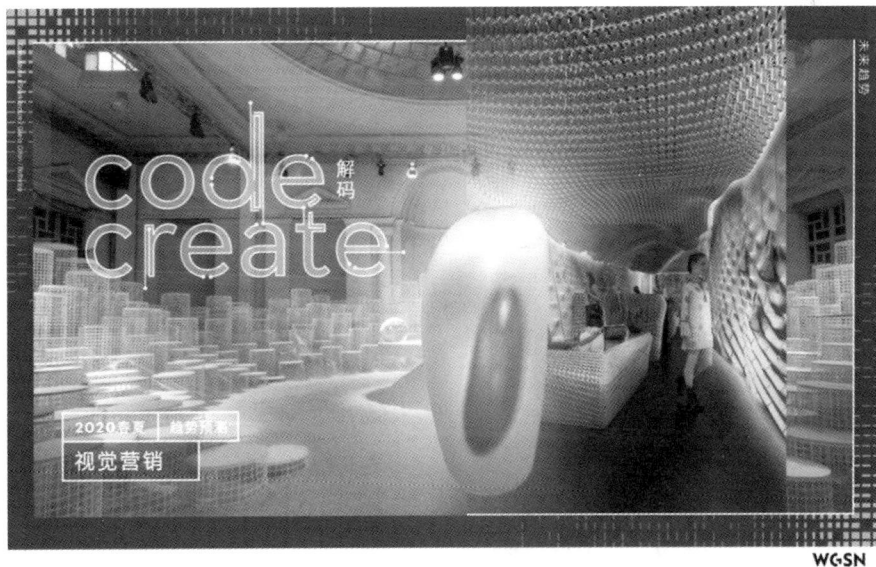

图10-5　2020春夏视觉营销趋势预测"解码"封面

简介

WGSN的视觉营销预测概述了2020橱窗、陈列和商店设计的关键趋势。三个趋势报告包括解码、发声和赋情，它们均出自WGSN应季前瞻视野趋势预测。

解码探索科学和自然之间的联系，关注创新和人工设计。这一趋势具有未来主义的美学，并从生物外形中汲取灵感。

解码行动要点

01 未来复古感：神秘的光线、动态彩虹色和棱角分明的设计创造了一种未来主义的美学，看似适合开启新的十年。

02 科学激发设计：注重3D打印形式、创新的网面结构、映射光线以及从数学序列中汲取的有节奏重复形式。

03 探索设计中的生物学：微生物的色彩和图案，以及生物形态，如幼虫、变形虫和其他可提供视觉灵感的生物体。

04 彩虹色和渐变色的演变：阳极氧化的金属饰面、珠光汽车喷涂饰面和吹塑型白炽灯被用来创造更沉稳的未来主义设计。

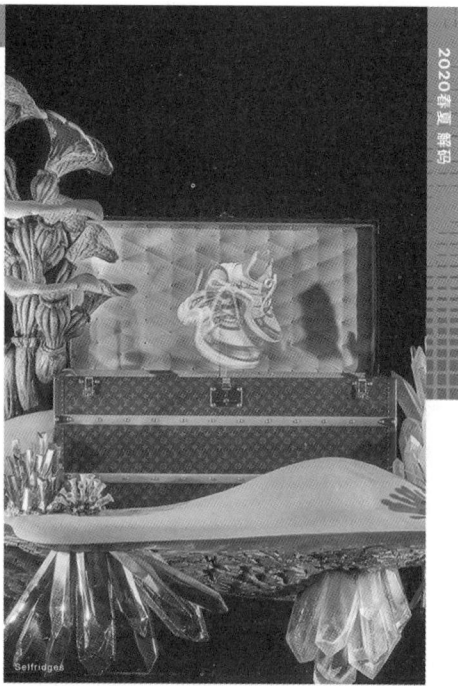

图10-6　2020春夏视觉营销趋势预测"解码"简介

基调

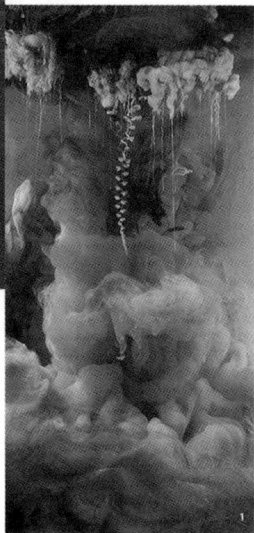

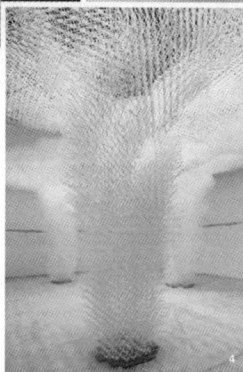

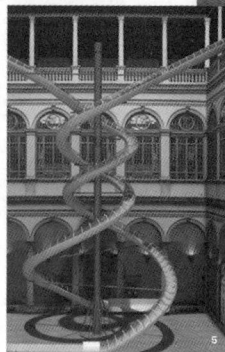

－空间神秘且诱人，带来既复古又具有未来主义的美学，吻合即将到来的十年。

－神秘的光线和动态彩虹色与重复的设计相结合，探索自然与科学的交界点。

－自然形态，无论是真实的还是想象的，均激发了精致的手工制作和工业化设计。

图10-7　2020春夏视觉营销趋势预测"解码"基调

2. 制作流行趋势心情板（Mood Board）

学生需要前往WGSN官网查看视觉营销趋势分析报告，并选取2～3个趋势分析报告，完成每份报告的心情板的制作。学生需要从趋势报告中的简介、颜色、基调、道具等不同项目中总结该趋势的特点，在理解的基础上利用心情板的形式展现该趋势。

图10-8～图10-10为学生根据不同的视觉营销趋势报告制作的心情板。图10-8是根据2019/2020秋冬视觉营销趋势"匠意"制作的。学生将流行趋势中提到的简洁风展现在其心情板中，同时也利用色块的方式，将柔和、精致的颜色展现在心情板中。图10-9是根据2019视觉营销趋势"WORLDHOOD"制作的。利用明黄色的超市推车图像、安全指示标等生活中常见的用品道具图像展现该趋势所强调的街头文化。图10-10是根据2020年春夏视觉营销趋势发声（Empower Up）制作的。该趋势强调年轻、乐观有活力的设计，并把俏皮感融入设计中，并利用明亮的橙色和色彩鲜艳的图像来展现其对该趋势的理解和认识。同时，在橱窗陈列设计中注意要利用环保的道具。

图10-8　学生作业（1）

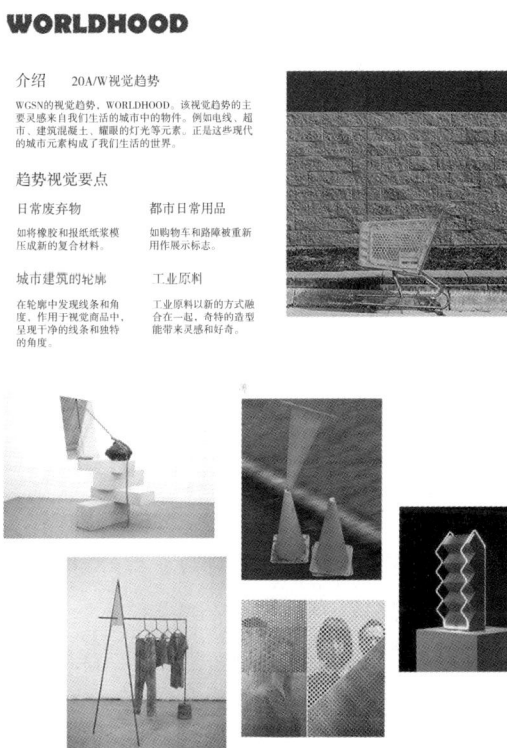

图10-9　学生作业（2）

三、检查学生的视觉营销流行趋势分析

学生制作完成2～3张视觉营销流行趋势心情板后，需要将该作业提交给老师，老师对其进行检查并反馈意见。老师在反馈意见的时候，重点关注学生是否能掌握趋势的整体基调，如整体的颜色、道具材料的采用，以及考查学生是否能将流行趋势融入接下来的橱窗陈列规

划设计中。例如，图10-8是学生根据"匠意"制作的心情板，虽然将趋势的简洁干净的特点展现出来了，但是缺少较为复古的木质颜色。如果能在图像中采用棕色、姜黄色打造复古怀旧的感觉，整个心情板的制作会更贴近"匠意"的整体风格。在理解了视觉营销流行趋势后，对之后选择道具、布置背景以及主题风格的确定有极大的帮助。

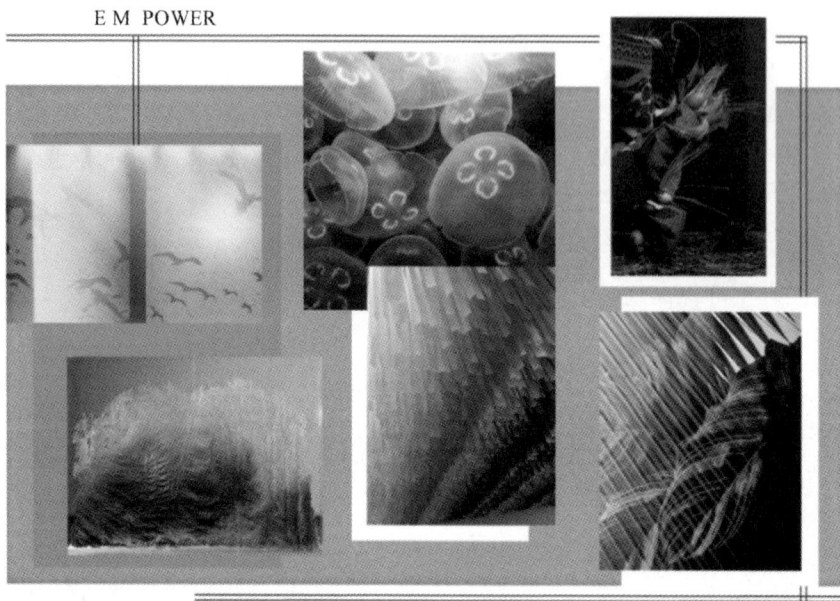

图10-10　学生作业（3）

任务二　品牌研究和顾客分析

有经验的陈列设计师在设计橱窗时，首先是明确主题和想要展现的品牌精神，其次是创意。主题和品牌精神相吻合，能够让设计的橱窗正确地传达信息。而独特的创意，能够帮助橱窗展现出与众不同的视觉效果。作为视觉陈列师，明确品牌的基因是陈列设计的第一步。优秀的店铺陈列设计、橱窗陈列设计能够帮助巩固品牌形象，从而提高销售量。在确定好品牌基因后，视觉陈列设计师接下来要考虑品牌的目标顾客是怎样一个群体，是喜欢传统复古的风格，还是大胆前卫的风格。不同的目标顾客群体有着不一样的喜好，了解并抓住目标顾客群体的喜爱能帮助品牌建立更好的视觉形象，从而达到视觉营销的最终目的——提升销量。

在进行陈列项目实训中，应该认真研究选取品牌的基因，进行品牌调研分析，在该基础上认真研究品牌的目标顾客群体，并制作目标顾客分析板。

一、选取品牌

学生根据自己的喜好，选取品牌。根据品牌的定位与风格，可将品牌分为奢侈品牌、轻奢品牌、快时尚品牌、休闲品牌、运动品牌、童装品牌等。在选取品牌时，要考虑到是否可以有其品牌的商品进行橱窗的陈列摆放。在后期的橱窗陈列实地操作中，需要学生用真实的商品和道具进行陈列摆放，因此在前期选取品牌的时候需要教师提醒学生将后期的实地操作的可行性摆放考虑在内。

二、品牌基因提取

1. 了解品牌基因（Brand Identity）

品牌基因，顾名思义就是一个品牌的内在特点，任何一个品牌都有自己的特点和品牌定位。品牌企业可以通过品牌的名字、商标、产品、服务、雇员、门店橱窗陈列、企业文化、宣传手册等展现自己的品牌基因。当顾客想起这个品牌的时候，浮现在脑海中的第一印象，就是品牌在社会中塑造的形象。作为视觉陈列师，正确了解一个品牌的定位可以更好地设计橱窗和店铺陈列，从而将品牌基因宣传出去。橱窗和店铺陈列可以被看作是一种宣传的媒介，吸引顾客进入店铺消费是宣传的目的，了解品牌基因是宣传制作的前提。

视觉陈列师可以通过参加公司的企业文化培训了解品牌的起源文化、发展历程以及未来的发展趋势，从而了解品牌的定位方向。同样，品牌名字、商标、产品、服务、门店已有的橱窗和店铺陈列、宣传手册等其他可以作为载体表现品牌基因的事物都可以帮助视觉陈列师去研究品牌基因。

2. 通过品牌调研分析制作品牌板（Brand Board）

根据对品牌的调研分析，学生需要制作品牌板，表达自己对选择品牌的认识和理解。其版面的排版、图片、颜色、风格都需要展现品牌基因（图10-11～图10-13）。

图10-11　学生品牌板作业（1）

这是为学生制作的有关中国品牌之禾的品牌板。之禾是近几年国内突出的时尚女装品牌。产品自创立之初，就坚持舒适环保与高品质通勤为理念，致力于为年轻时尚的中产阶级女性用户提供高品质、简洁、环保、大气的通勤装。学生在研究该品牌的基因后，选取了纯白色和灰色的色调，用该品牌的产品图，简洁的排版来展现其简洁、环保、大气的品牌基因。同时，品牌板中也利用文字的形式简单介绍了品牌的历史和品牌文化。

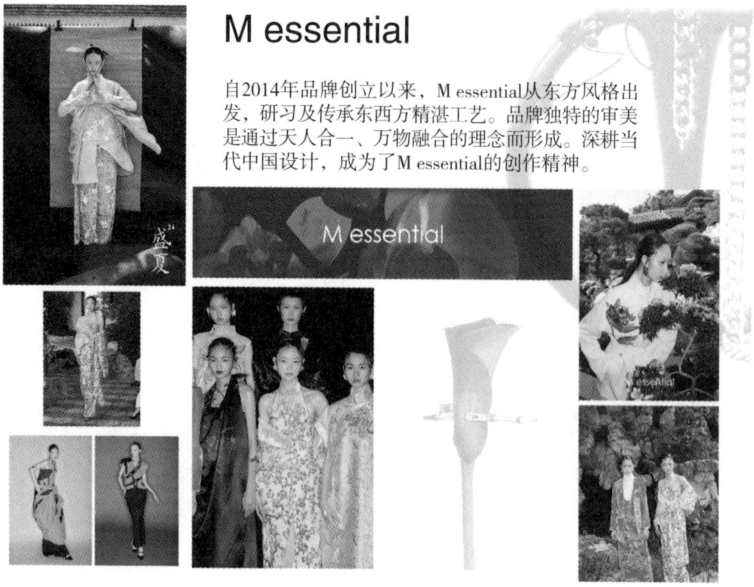

图10-12　学生品牌板作业（2）

　　这是学生为中国新中式时尚品牌M essential制作的品牌板。近年来受到中国国潮风格的影响，M essential从中国传统文化出发，继承并创新中国传统服饰的优秀制式和纹样，探索东方美学在现代时尚生活的呈现。学生利用品牌的秀场图片、时尚摄影图片、道具配饰来呈现品牌精致、优雅、舒适、回归本质、古典美和摩登感并存的整体氛围。

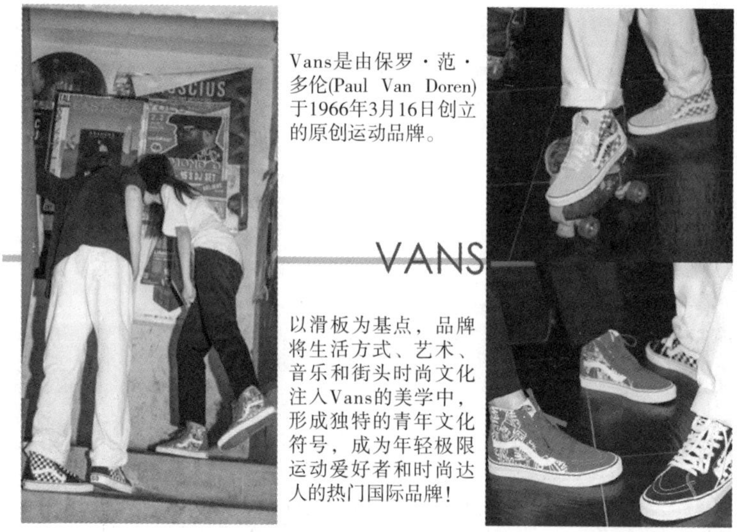

图10-13　学生品牌板作业（3）

三、品牌顾客分析

1. 了解目标客户

　　确立完品牌基因后，视觉陈列师还需要对品牌的目标顾客群体（Target customer）进行调研分析（图10-14）。视觉陈列师在制作橱窗和店铺陈列时，其目的就是让品牌企业的目标顾

客或是潜在顾客进入店铺内购买品牌产品。目标
顾客就是品牌企业在第一时间将所有讯息准确无
误地传达给对方的群体，目标顾客常常购买该品
牌的产品，熟知并喜欢该品牌的风格特点，在一
定条件下，目标顾客也可以是品牌企业的会员。
一个运动潮流风格的品牌的目标顾客一定是热爱
运动、紧跟时尚潮流的人群，而不是喜欢淑女
风格的人群。正确了解目标顾客，能够帮助视觉
陈列师抓住目标顾客的喜好，分析市场，寻找机
会，做出更好的橱窗陈列实践。

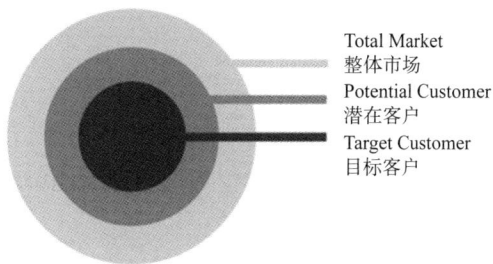

Total Market
整体市场
Potential Customer
潜在客户
Target Customer
目标客户

图10-14　目标客户图像

以运动品牌为例，如何寻找品牌的目标顾客？运动品牌有很大的顾客群体，但不是所有
人都是目标顾客。热爱运动并且喜欢潮流感和舒适感兼具的人群会购买运动产品。根据以上特
征，运动品牌目标顾客的关键词应该是：活跃的、喜爱舒适的、喜爱运动潮流的、潮酷的。

在实际分析目标顾客时需要思考三个问题：第一，准备销售的商品是什么？第二，如
何定义你的品牌？第三，谁会来买这个品牌的商品？在具体分析目标顾客群体时，可以用
表10-2所示的划分标准来帮助分析目标顾客群体的喜好。除了图表中显示的标准，在做目标
顾客分析时，还可以问自己：这些顾客可能都喜欢去哪里购物？他们都喜欢在周末的时候去
哪里度假？或者他们都喜欢购买哪些同类的时尚品牌？

在制作目标顾客分析时，对目标顾客的研究越精细，就越能掌握目标顾客群体的喜好。
根据这些标准，找到并制作相关能展现目标顾客群体特性的照片和关键词，最后创建目标顾
客群体分析板（Customer Board）。

表10-2　目标顾客群体分析

类别	群体特征
年龄	儿童，青少年，年轻人，中年人，老年人
性别	男性，女性
地理位置	居住环境、居住的公寓是怎样的
喜好	在空闲的时候喜欢做什么？喜欢看什么杂志？喜欢哪些品牌
收入	低收入，中等收入，高收入
婚姻状况	单身，已婚
家庭情况	有多少小孩

2. 制作目标顾客分析板

根据对目标顾客群体的分析，需要制作目标顾客分析板。对目标顾客分析得越详细，越能掌
握目标顾客的喜好，从而在橱窗陈列设计的细节中融合顾客的喜好，以达到更好吸引顾客的效果。

图10-15为学生制作的之禾顾客分析板。学生分析了该品牌的目标客户年龄段、性别、
居住环境、兴趣爱好、收入等基本情况。同时，根据对目标客户的分析，用高级大气的模特

照片、干净的展览照片、简洁的卧室图片来展现其对该目标客户的认知。在接下来的主题构思中，学生可以将简洁、干净、奶白色等元素考虑进来。

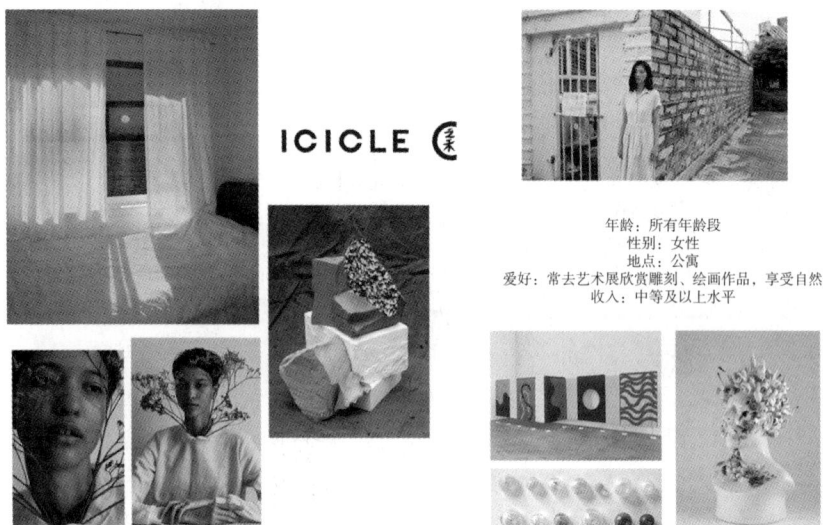

ICICLE

年龄：所有年龄段
性别：女性
地点：公寓
爱好：常去艺术展欣赏雕刻、绘画作品，享受自然
收入：中等及以上水平

图10-15　学生制作的顾客分析板（1）

图10-16为学生对范斯品牌目标顾客进行分析后制作的顾客分析板。学生将顾客的年龄段、家庭情况以及爱好运用图像和文字的形式展示出来。同时，学生提出目标顾客喜欢滑板、追求潮流的事物，并且对小众的摄影感兴趣。那么在接下来的主题方案选择中，这些因素就可被考虑在内，帮助学生完成橱窗陈列设计。

VANS "OFF THE WALL"

大多数穿这个品牌的学生年龄在16~22岁之间。他们的家庭条件一般或较好。他们热爱生活、运动和滑板。他们追随时尚潮流，会在网上购物，摄影可能是他们的爱好之一。

图10-16　学生制作的顾客分析板（2）

　　图10-17为学生对小摩安珂（little MO&CO.）品牌目标顾客进行分析后制作的顾客分析板。整体采用俏皮的排版风格、鲜艳的色彩、调皮的模特来展现品牌顾客——儿童的整体喜好风格。同时，因为是童装品牌，特意在文字中说明许多服饰多由母亲或奶奶进行挑选。从目标顾客的喜好出发，可以帮助学生在后期的橱窗设计中选择更为俏皮、活泼的主题方案。

图10-17　学生制作的顾客分析板（3）

　　学生制作的目标顾客分析板不仅从文字内容中来展现顾客的特点和喜好，在图像的选择以及排版设计中也要考虑顾客的喜好。例如，无印良品的顾客分析板需要在排版中展现大方、简洁的风格。范斯的顾客分析板则需要在排版中展现动感、活跃的风格。保持风格的统一性能帮助学生确定主题方案。

任务三　确定陈列设计主题

　　主题是视觉陈列的核心，店铺的橱窗陈列、店内陈列都围绕着主题进行有创意的风格展示。主题是整体设计的灵魂，融合了橱窗店铺内所有商品、道具、颜色等元素，使整体陈列效果更加生动丰富。例如针对一个海边度假主题，可以在橱窗陈列中设置海滩、泳装、椰子树、草帽、蓝色背景等元素来展现海边度假的休闲感觉。一旦设置好主题后，商品、道具、灯光、颜色的选择就应该围绕主题进行扩展。

　　确定主题并不是一件容易的事，生活中的新闻事件、流行趋势、流行颜色、历史事件、大型节日等都可以作为主题的灵感来源。同时，从品牌的特点出发，制作思维导图也可以帮助我们寻找并确定主题。

一、主题方案的灵感来源

1. 品牌当季的秀场主题

每年的大型时尚周与品牌的新品发布会。品牌的当季秀场主题、风格可以作为品牌店铺和橱窗陈列的灵感来源。橱窗陈列师可以仔细研究品牌当季的秀场主题风格，并在店铺橱窗陈列设计中延续同一种风格，保持品牌风格的统一性。

2. 流行趋势

品牌会根据当下的流行趋势作为灵感来源，制作品牌的广告、店铺陈列、橱窗陈列设计。例如，近年来新中式风格主题不断流行起来，那么什么是新中式？新中式就是中华优秀传统文化在当前时代背景下的演绎，是中华优秀传统文化与现代时尚潮流的对话碰撞而产生的创新。它的形成彰显了中国年轻一代对中华传统优秀文化的认同、传承与创新。文化是一个国家、一个民族的灵魂。文化兴国运兴，文化强民族强。这就需要更多的人综合运用大众媒体传播手段展示中华文化魅力，传播中国文化。

许多设计师深入挖掘并学习中华优秀传统文化，并将其与新时代时尚美学元素融合在一起，对中国优秀文化进行全新的诠释和展现。来源WGSN的新中式报告展现了新中式风格的基调与色彩（图10-18）。报告指出在国潮趋势发展的背景下，可以选用中国传统优雅的深红色、复古蓝等具有浓郁中国风气息的色彩，搭配小苍兰黄色、燕麦奶色等清新的色彩，这样撞色的组合既展现出中式优雅古典的一面，又呈现出现代社会活泼、俏皮的个性。

基调与色彩

色彩要点：中式风在近几季强势回归，在前几季的国潮趋势下进一步发展升级，形式更为多样百变。也因此，这一季的色盘更为丰富和具有戏剧性。整体以淡雅中性色为主，而明艳的优雅深红和小苍兰黄色的出现，赋予色盘更为浓郁的中国风气息，既展现出中式淡雅复古的一面，又不失活泼、俏丽和个性。

适用品类：外套、套装、衬衫、上衣、裙装等。

图10-18　新中式流行趋势　基调与色彩

图10-19为学生在课堂上以新中式流行趋势为主题制作的品牌陈列灵感板。在灵感板中采用了许多中国传统的诗句和传统的造型、道具来展现大唐文化的繁荣和盛世风采。同时，学生在灵感板中利用多种鲜艳的色彩、活泼的排版以及现代造型，巧妙地将传统文化元素和现代美学元素融合在一起，加深了对中国文化的理解，实现了中华优秀传统文化的创造性转化和创新性发展，增强文化自信。

图10-19 学生制作的新中式主题灵感板

从中国传统文化出发，将店铺橱窗陈列打造成新中式的样子，恰当地将优秀文化元素和现代商品结合在一起，展现中国文化的创造性转化和创新，给顾客留下深刻的视觉印象，从而达到吸引顾客、提高销量的目标。

3. 社会关注点

社会关注点也常常被运用到店铺橱窗陈列主题的选择中。如果一个店铺或是橱窗通过自己的主题能够告诉消费者现在我们社会正在关注什么，正在发生什么，那么顾客会对该品牌承担社会责任的行为更加有好感。当今社会，消费者更希望品牌企业在获取利益的同时，能够对一些社会关注话题承担相应的责任。例如，全球环境变暖问题、环保问题、产品循环利用问题等。承担社会责任的企业更能在消费者心中提高其知名度，从而进一步提升品牌商品的销量。因此，店铺橱窗可以从社会关注的问题中选取主题。例如，路易威登以环保节能为主题制作橱窗，在橱窗中利用太阳能电板道具来展现环保。

4. 重大节日

对于许多品牌企业或是百货公司，重大的节日如春节、七夕情人节、元宵节、中秋节等都可以作为视觉陈列师进行店铺橱窗陈列的主题。重大节日时，许多家庭都会一起去商场消费。这时候品牌企业都会极力打造吸引人的橱窗，加入节日元素，带给顾客浓厚的节日氛围，从而让顾客走进店铺内。因此，重大节日也可以作为店铺橱窗主题的灵感来源。

二、制作思维导图

思维导图（Mind-map）是发散思维、寻找主题的有效方法。首先将品牌名称写在中间，然后将和该品牌有关的词语写在周围。之后，再从这些词语出发，写出和这些词语有关的词语。一层一层写下来之后，一开始看似和品牌无关的词语最后也能和品牌有着千丝万缕的关系。而这也正是思维导图的魅力，通过发散思维，找到更多的灵感来源。

图10-20为学生为国内女装文墨（ONE MORE）品牌制作的思维导图。从文墨品牌开始，写出了浪漫的、甜美的、女性化的词语。之后，再将这些词语进行进一步地扩展，出现了粉红色、电影、高跟鞋、法国等词语。一层一层思维扩展之后，学生能从思维导图中获得不同的词汇，从而找到店铺橱窗陈列的灵感。

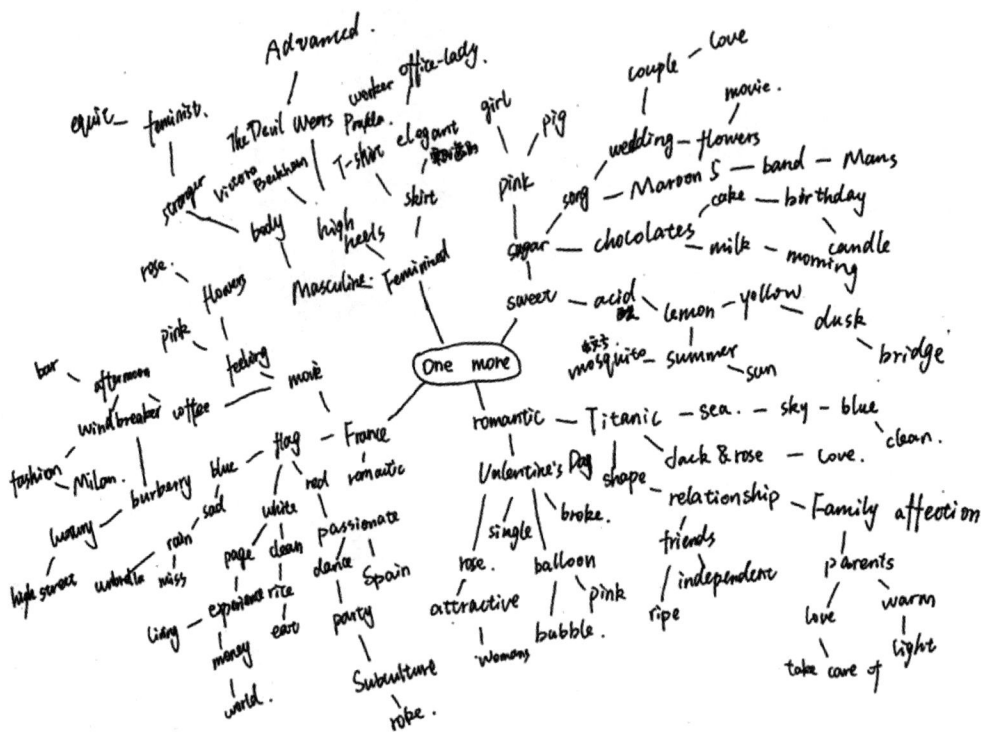

图10-20　学生制作的文墨品牌思维导图

图10-21为学生为之禾品牌制作的思维导图。从品牌"天人合一"的中国传统理念出发，写下了中国文化（Chinese culture）、日常使用（For Daily Use）、简单（Simple）三个词语。再分别从这三个词语出发，写出了天人合一（Symbiosis）、平衡（Balance）、融合（Merge）等单词，体现了之禾品牌基于"天人合一"的品牌思想，致力于寻求人与自然和谐共生的美好愿景。经过一层一层的思维扩散，最终可以从众多词语中，挑选词语进行组合，从而形成自己店铺橱窗设计的主题。

图10-22为学生为太平鸟品牌制作的思维导图。从太平鸟本身的品牌特点"时尚、创新、潮流"出发，写出了经典（classic），滑板（skateboard），趋势潮流（trend），色彩鲜艳（colourful），年轻（youthful）等关键词，从这些词语出发，再写出相关的词语。如从年轻（youthful）这个词语出发，衍生出个性特征（identity）、时尚（fashion）、青少年（teenager）等词语。最终可以通过将发散出来的词语进行挑选整合，并最终确定陈列设计主题。

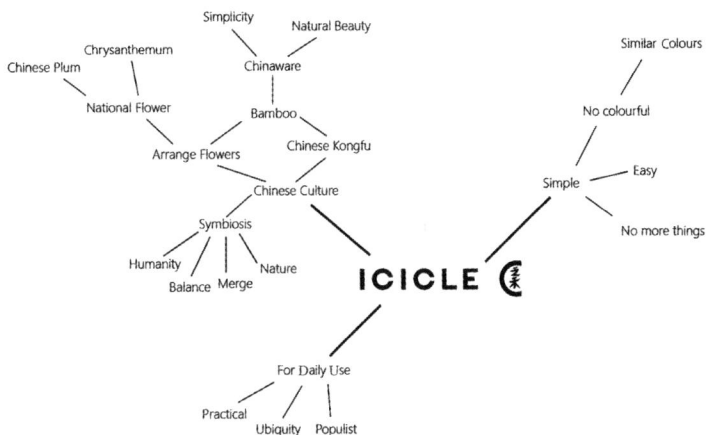

图10-21 学生制作的之禾品牌思维导图

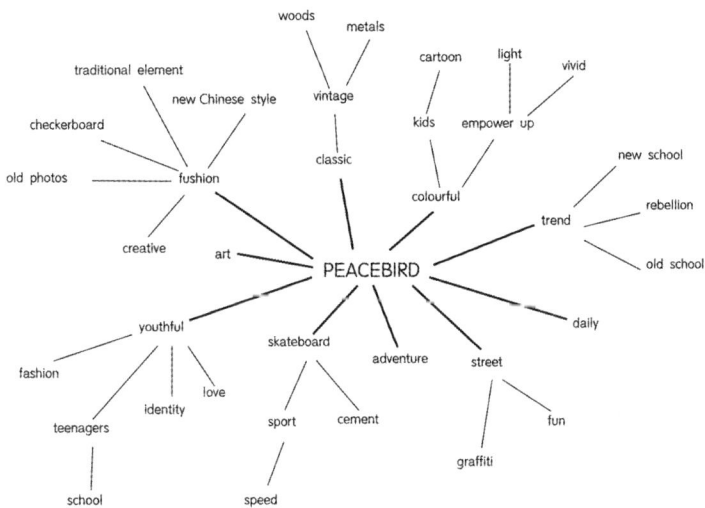

图10-22 学生制作的太平鸟品牌思维导图

三、从灵感主题阐述到陈列设计主题确定

找到灵感，做好思维导图后，就可以进行灵感主题的阐述了。灵感主题的阐述就是要求学生讲述这个灵感主题是什么，主题是怎么扩展的，以及如何用陈列的方式表现出来。也就是说，如何利用店铺或是橱窗陈列来讲述这个主题故事。同时，流行趋势的分析，以及品牌的基因如何融入主题设计中也可在主题阐述中进一步说明。值得注意的是，有创意的主题需要结合实际店铺橱窗陈列情况来实施，学生在阐述的过程中，能对自己的主题方案有着更深的认识，以及可能会遇到在实际操作中较难实现的情况。这时候教师可以帮助学生及时调整主题方案，结合实际情况进行修改。如图10-23所示，为学生根据流行趋势匠意、范斯的品牌基因、品牌目标顾客分析、思维导图的分析制作出的观点阐述。该学生主要选取了范斯品牌复古、街头涂鸦的一面来展现范斯的品牌特性。

灵感阐述

在写思维导图的时候，我最直观的想法是街头文化可以和范斯的品牌文化相关联。因此，我在街头文化中选择了涂鸦文化。虽然它的起源不到一百年，但它将在未来继续下去。

当我在寻找能启发灵感的照片时，我找到了很多以涂鸦为主的作品。这些涂鸦代表了年轻人自由的生活和不断创作的精神。在调研中，我了解到许多艺术家们在创作涂鸦的过程中是非常专注且精益求精的。基于这一点，我联想到我们所学的时尚趋势——Purpose full明确表达，旨在展现制作过程，专注任务，精益求精。

我的橱窗将用一个半圆形的弧形作为背景，做成一个涂鸦墙，从左到右，由少到多。我想在底部中央展示商品，周围从左到右环绕着一些配件和制作商品时用到的材料。

图10-23　学生制作的主题阐述（1）

如图10-24所示，为另一个学生为范斯品牌制作的主题阐述。与前一名学生不同的是，该学生选取了范斯的童趣、俏皮的一面进行阐述。该学生的灵感来自范斯和迪士尼合作的鞋款，从跨界合作中展现范斯童趣、童真的一面。

我的主题是"和范斯一起的童年"。

我的灵感来自范斯和迪士尼。在我的橱窗里，我会使用一些小时候常爱玩的玩具作为道具呈现。

图10-24　学生制作的主题阐述（2）

任务四　主题板制作

从一个主题想法，到正式制作橱窗前，这个主题需要不断发展、不断完善才能达到最终制作前的要求。这时候，视觉陈列师需要制作主题板来再次发展、完善自己选择的主题。主题板的作用就是让视觉陈列师用图像、文字、整体风格来告诉团队自己即将要制作的店铺和橱窗陈列是怎样风格的，是需要体现哪种情感。主题板就是主题想法的扩充，就是展现主题发展的一个过程。

一、制作主题板

在制作主题板的时候，视觉陈列师需要将先前研究的品牌基因、品牌风格以及流行趋势、主题都考虑在内，并通过主题思维扩散将可能运用到的细节如颜色、可循环利用的道具展现在主题板中。与店铺、橱窗陈列效果图不一样的是，主题板强调的是对主题的理解以及主题想法的发展过程。同时，制作主题板也可以锻炼视觉陈列师的思维创新能力。

扫一扫，看微课

将自己的主题想法展现在主题板中，可以利用和主题相吻合的颜色、相关的道具以及通过排版的风格形式巧妙地展现出来。例如，如果最后想要呈现的店铺、橱窗陈列是活泼的风格，那么在制作主题板的时候，视觉陈列师需要在排版、色彩运用中展现活泼俏丽的风格；如果店铺、橱窗陈列主题要展现街头风，并需要设定一些街头涂鸦的背景墙，那么视觉陈列师在制作主题板时需要展现年轻不羁的排版风格，并把可能运用到的涂鸦图像展现在主题板中。

二、学生作业分析

如图10-25所示，为学生对little MO&CO.品牌橱窗陈列设计的主题板。该学生确定的主题为神秘的宇宙（Mysterious Cosmos），他认为宇宙是一个很神秘又很值得探索的世界。主题板中的小朋友们喜欢神秘的东西和一切美味的食品，小朋友希望自己能够成为宇航员，能够在宇宙中探索新世界，用画笔画下自己喜欢的食物，同时还能品尝到无尽的美食。

图10-25　学生制作的主题板（1）

　　学生利用宇宙的深蓝色、宇宙中的各个星球来展现宇宙的背景环境，同时利用小朋友喜爱的玩具和美食来展现俏皮可爱的风格。一个小朋友拿着望远镜探索宇宙，另一个小朋友拿着画笔正在绘画，整个主题板呈现出神秘、探索、童趣的氛围。而这个氛围，也正是在之后橱窗陈列中需要呈现出来的效果。

　　图10-26是学生为太平鸟品牌制作的橱窗陈列主题板。随着近年来文化自信的崛起，越来越多的年轻人把目光转向了中国传统文化，并对"国潮"的热爱日益增加。文化是一个国家、一个民族的灵魂。基于此，学生确定橱窗陈列的主题为"重返花木兰世界"。太平鸟和花木兰IP出过一系列联名款服装，为展现年轻女性敢于拼搏、不畏挑战、勇于创新的时代精神。该同学在研究这组系列服装的基础上，用主题板呈现了橱窗整体新中式的风格。主题板中利用英姿飒爽的模特造型来呈现整体的国风元素，同时大造型的折扇也可以作为后期橱窗设计的道具融入橱窗设计。

我设计的橱窗主题为"重返花木兰"世界。太平鸟此次的服饰系列以中国传统文化花木兰为主题，用古代花木兰年轻勇敢的女性角色来展现年轻女性敢于拼搏、不畏挑战、勇于创新的时代精神。因此这次我的橱窗整体会偏向新中式风格，在展现国潮韵味的同时，也能体现品牌潮酷、自由和率性的风格。

在橱窗道具的设计上，我会利用品牌宣传图册中的大造型折扇、中国传统水墨画元素、红色丝绸背景布、古代风筝等道具，为整体的橱窗设计添加国潮韵味。

图10-26　学生制作的主题板（2）

　　该主题板利用不同的新中式模特造型影像来展现整个主题，同时，利用不规则线条的方式来展现该品牌年轻敢于创新的风格。整个主题板的排版风格随性而大方，穿插着的模特造型也俏皮地融入整体设计中。这样充满国潮韵味而又不失年轻时尚的潮酷风格正是学生想在之后的橱窗陈列中需要陈列出来的风格。

任务五　商品、道具等元素的确定

一、商品选取

确定了店铺和橱窗设计的方案和主题，接下来就应该要思考店铺橱窗陈列的商品。商品是橱窗的主角，首先要考虑的是该商品是否为当季或是下一季的新品，并打算重点推荐的商品，同时该商品也需要和主题方案相吻合。在选取商品的时候，要注意不能选取太多的商品，过多的商品会让陈列失去平衡美感，并让观众失去视觉焦点。因此，视觉陈列师在选择商品时，应该将时代感、主题美感、平衡感综合考虑在内。

提前准备好商品也可以加快修饰店铺橱窗的速度。将选择好的商品提前整理好，如服饰提前熨烫好，鞋子整理干净，玻璃制品擦拭干净等，同时也需要把商品上的价格标签除去，如果是首饰、手表类商品，可以另外用价格标签牌写上价格并放置在商品的旁边，若服饰需要人体模型，也要提前备好并检查是否能正常使用。提前挑选好商品并做好充分准备，能大大节省实地店铺橱窗修饰的时间。

二、道具选取

选定了店铺橱窗陈列的主题方案、商品后，就应该考虑橱窗中用什么样的道具。道具是在店铺橱窗陈列展示中衬托商品的。在一个店铺橱窗陈列中，可以用一个或是一系列的道具，例如，一条项链可以用一个丝绒的项链盒子进行衬托，也可以用头模和一系列与项链配套的戒指进行道具装饰。值得注意的是，道具是衬托商品的，2/3的道具与1/3的商品是比较平衡的。过多的商品可能会影响观众的视觉中心，特定的商品加上与之联系的道具可以帮助观众把视觉聚焦在商品上。

选取道具时，可以到特定的道具店铺进行购买，也可以选用定制的道具。定制的道具一般成本较大，但是可以达到较好的效果。近年来随着人们对环保的重视，利用可回收物作为道具正逐渐成为店铺橱窗陈列中的常客。空的易拉罐进行大规模的装饰、纸盒以及旧家具都可成为店铺橱窗陈列的道具。可回收物道具一方面进行了资源的再利用，另一方面也利用创意的表现手法达到吸引顾客视线的目的。

三、商品、道具板制作

确定好商品和道具后，视觉陈列师需要制作商品和道具板（Merchandise and Props Board）来展现自己的商品和道具。在商品和道具板中，商品的名称、图像以及道具的图像都需要展现出来。

如图10-27所示，是学生为范斯制作的商品、道具说明板。在说明板中，学生为范斯选取的主题是简洁涂鸦风。因此选择的商品和道具的颜色都偏柔和，学生将使用到的范斯白鞋以及背景墙纸、不同颜色的鞋带、不同规格的玻璃瓶道具一同展示出来。这样的商品和道具展示，能够帮助学生在正式实地操作前准备好所需要的商品和道具。

半圆内凹的背景

透明玻璃瓶

VANS 鞋子

鞋带

图10-27　学生制作的商品和道具板（1）

图10-28为学生为之禾制作的商品和道具板。该学生在前期的准备中为之禾品牌选择的是复古文艺风，因此在商品的选择中，利用了不规则的石块、暮色的石凳以及木质凳子来展示整体复古、文艺的风格。在小道具的选择中，学生选用了纯色的雕塑道具、干净的花朵作为衬托。所选用的所有商品和道具都是围绕先前制定的主题方案来确定。

石头

木托盘

商品与道具

干花

迷你雕塑

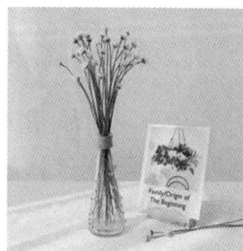

图10-28　学生制作的商品和道具板（2）

任务六　店铺橱窗陈列设计稿

　　为确保在实地操作店铺橱窗陈列时能够顺利进行，视觉陈列师还需要在正式实地操作前绘制店铺橱窗陈列设计稿，以便能更好地进行店铺橱窗布置。可以使用Adobe PhotoShop（PS）图像处理软件进行简单的设计，也可以用CorelDRAW平面设计软件绘制专业的店铺橱窗设计效果图，计算机辅助设计软件（Computer-Aided Design，CAD）也能帮助专业人员绘制逼真的橱窗效果图。可以根据自己的需求运用软件制作店铺橱窗陈列设计稿。

　　在设计店铺橱窗布局时，需要运用到一些基本的布局方法和美学平衡原理。例如，在设计布置店铺橱窗时，应该正确运用平衡的原理：一种是正常的平衡，即橱窗的两边都对称摆放相同的物品；另一种是非正常的平衡，即橱窗的两边所摆放的商品或道具并不是完全相同的，利用不同的商品或道具摆放，创造视觉上重量的左右平衡。

　　图10-29和10-30为学生为中国时尚年轻品牌SHUSHU TONG制作的橱窗陈列设计稿。该学生利用PS绘制了橱窗效果图，整体呈现出品牌浪漫、甜酷、可爱的风格。利用PS软件将橱窗可能需要的道具、商品都展现出来了。橱窗设计效果图可以帮助学生重新审视自己的设计是否符合整体的主题，选取的商品和道具是否都和商品很好地搭配在一起，然后在此基础上不断改进。

图10-29　学生制作的橱窗陈列设计稿（1）　　　　图10-30　学生制作的橱窗陈列设计稿（2）

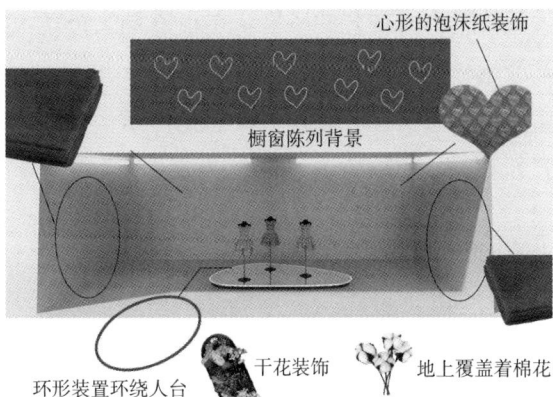

任务七　陈列项目实地操作

　　店铺橱窗陈列的前期准备后，视觉陈列师就要进入正式的店铺橱窗陈列实地操作。一般情况下，视觉陈列师应该在一天之内完成店铺橱窗陈列的布置，除非是特殊复杂的陈列，需要几天完成布置。为了保证高效率地完成一个精美橱窗的布置，视觉陈列师需要提前确认是否完成了所有的前期准备。学生在正式进入实训室布置橱窗陈列时，可参照表10-1的陈列项目实训清单，检查自己是否完成了视觉营销流行趋势分析、品牌调研、品牌客户分析、思维导图、灵感主题阐述、主题概念板制作、商品、道具说明板、橱窗陈列设计稿。一切都准备就绪就可带着商品和道具前往实训室进行实地操作。

在实地操作中，首先应该检查现场的照明设备是否正常，电源接线是否可以正常使用。接下来视觉陈列师应该对墙面进行处理，如果需要粉刷墙面，则需要提前在地板上铺上保护膜，以防在粉刷涂料的过程中将涂料溅到地板上；如果需要利用墙纸或者大型海报作为背景墙，要考虑用钉子固定，需要注意的是要尽可能少地使用钉子，这是为了下一次进行橱窗布置时能够更加方便地拆除。墙面布置好后，则需要考虑如何装饰橱窗。

在装饰橱窗时，根据陈列设计稿，将大型道具放进橱窗指定位置，一般放在橱窗陈列空间的后方，小型道具放置在前方，这样大型的道具就不会遮挡所展示的商品。一些需要悬挂的道具也要布置好，并确保牢固地固定在天花板上。

道具布置完成后，就可以将陈列的商品放入店铺橱窗中。同样，大型的商品先放入橱窗，之后再把小型的商品放入橱窗。值得注意的是，道具是配合商品的，因此当放入商品时，可以调整道具的位置以达到最好的展示效果。在布置橱窗的时候，视觉陈列师常常会走到橱窗外，从不同的角度仔细检查橱窗。同时，站在顾客的角度查看橱窗陈列的视觉焦点是否能够聚焦在商品上。

橱窗陈列摆放好后，视觉陈列师要进行照明调整。这是一项非常重要而又常常被忽略的工作。因为合理利用灯光照明能使橱窗的陈列展示更为精彩，以达到吸引顾客的目的。

学生在实训室进行实地操作时，要尽可能按照步骤，并根据设计想法来布置。学生需要准备好道具和商品，如需要人体模型，以确保操作时能够高效、高质量地完成店铺橱窗陈列的实地操作。学生在实地操作时，应及时修改店铺橱窗陈列中存在的问题。教师随时检查学生的实操进展，并提出修改意见。学生在布置完店铺橱窗陈列后，要拍摄最终陈列效果图，并作为最终作品展示一并上交。

🖎 知识点梳理

知识点回顾

在实训陈列项目中，每一位学生需要在8个课时的时间内完成一个完整的店铺陈列或橱窗陈列。从前期的准备工作到后期的实地操作，每一个步骤中学生都需要完成特定的作业同时得到教师的反馈，以更好地进行后期操作。

（1）视觉营销流行趋势分析，学生需要分析下一个季度的视觉流行趋势，从趋势入手，为后期的灵感扩散做准备。

（2）每一位学生都要选取一个品牌，并对该品牌进行调研分析。学生需要分析品牌的历史、特点并做出品牌板。同时，品牌调研分析的排版、风格也需要符合品牌的风格。

（3）学生需要对品牌的目标顾客进行分析。选取特定的目标顾客，了解他们的喜好以便帮助学生确定品牌的视觉营销定位。哪一种风格更能获得目标顾客的喜爱？哪种颜色更能吸引顾客？这些信息可以通过对目标顾客的分析总结得到。根据调研分析，学生需要制作顾客板，展现目标顾客的兴趣爱好。

（4）学生需要制作品牌思维导图。思维导图提供了一种思维扩散模式，帮助学生从品牌特点出发，找到更多的关键词，从而为后期的主题找到更多的灵感。

（5）找到店铺陈列或是橱窗陈列设计的灵感主题后，学生需要将自己的想法阐述出来。教师通过查看学生的观点阐述，给学生反馈意见。学生在此基础上，进行修改和调整，并最终呈现完整的观点阐述。

（6）确定好主题方案后，学生需要制作主题概念板。在主题概念板中通过图像、色彩、排版、文字说明等形式将橱窗主题或是店铺主题用图形视觉的形式展现出来。教师通过查看学生的主题概念板，了解学生想要呈现的橱窗或是店铺是什么样的风格。学生需要不断修改，并在可操作的前提下，呈现最终的主题概念板。

（7）主题概念板完成后，学生需要着手准备在实际操作中需要用到的商品和道具。学生需要确定商品是下一季重点推荐的商品，且保持商品的干净整洁。如果学生需要使用人体模型或者头模，也需要提前进行使用申请。制作商品和道具板是一个好方法，能让学生了解自己所需的材料并做好准备。

（8）学生需要在正式进入实训室前设计好橱窗陈列或是店铺陈列的设计稿。可利用PS或是CorelDRAW软件进行设计图绘制，通过绘制图来查看设计是否还需要改进。教师可通过查看设计图给学生提出修改意见。

（9）学生在指定时间进入实训室，进行橱窗陈列或是店铺陈列的布置。学生需要拍摄橱窗陈列或是店铺陈列最终效果图并上交。

整个实训过程持续8个课时，目的在于让学生高效、快速地为特定品牌设计当季或是下一季的橱窗陈列或是店铺陈列。学生需要将之前所学的理论知识运用到实践操作中，教师定时给学生反馈意见，学生在此基础上不断修改，直到形成最终方案从而运用到实训操作中。

课外拓展

（1）实训结束后，学生需要总结陈列实训操作，总结设计中的优点和不足，并提出改进意见和解决方案。

（2）学生3~4人组成一个团队，在课余时间再次选取一个品牌进行前期的策划训练。团队需要共同完成视觉营销流行趋势分析、品牌调研分析、品牌目标顾客分析、思维导图、灵感主题阐述、主题概念板、商品和道具说明、橱窗陈列设计稿。课后作业只需学生完成前期的策划，教师会对团队的作业进行点评，直到形成最终的主题方案。

职业素养任务

（1）学生团队合作中，小组需进行合理分工，共同快速高效地完成本项目作业，养成分工合作、互帮互助、共同进步的职业素养。

（2）在进行品牌调研分析、目标客户分析、思维导图等环节制作过程中，学生需精益求精，注重细节，善于思考，认真完成每个环节的任务，养成专注细心，勤奋创新的好习惯。

（3）在主题板设计和橱窗设计中，学生需养成正确的美学观念，并利用主题设计、橱窗设计等任务作业将美学观念创造性地呈现出来，培养学生认识美、理解美、欣赏美、创造美的能力。

参考文献

［1］金顺九. 视觉·服装终端卖场陈列规划［M］. 北京：中国纺织出版社，2007.

［2］凌雯. 服装陈列设计教程［M］. 杭州：浙江人民美术出版社，2010.

［3］余杰奇，滕大维. 店铺陈列技巧图解［M］. 北京：中国发展出版社，2009.

［4］赖传可，熊炜，祝丽莉. 服装展示设计［M］. 重庆：西南师范大学出版社，2011.

［5］王艺湘. 服装展示设计原理与案例精解［M］. 北京：中国轻工业出版社，2010.

［6］张晓黎. 服装展示设计［M］. 北京：北京理工大学出版社，2010.

［7］MCOO时尚视觉研究中心. 潮流时装设计——陈列设计［M］. 北京：人民邮电出版社，2011.

［8］马丽群，韩雪. 服装陈列设计［M］. 沈阳：辽宁科学技术出版社，2008.

［9］汪郑连. 品牌服装视觉陈列实训［M］. 上海：东华大学出版社，2012.

［10］周同，王露露，张尧. 陈列管理Q&A［M］. 沈阳：辽宁科学技术出版社，2010.

［11］徐斌. 服装展示技术［M］. 北京：中国纺织出版社，2006.

［12］杨大筠. 视觉营销［M］. 北京：中国纺织出版社，2003.

［13］吴国智. 服装展示技术［M］. 沈阳：辽宁科学技术出版社，2008.

［14］王士如，林海. 国际服饰店堂陈列经典［M］. 北京：东方出版社，2006.

［15］吴立中，王鸿霖. 服装卖场陈列艺术设计［M］. 北京：北京理工大学出版社，2010.

［16］禹来. 零售卖场设计与管理［M］. 广州：广东经济出版社，2004.

［17］甲田枯三. 卖场设计巧与诀窍［M］. 于涛，译. 北京：科学出版社，2004.

［18］吴煜君. 童装陈列要素分析［D］. 苏州：苏州大学纺织与服装工程学院，2008：24-34.

［19］张剑峰. 男装陈列设计研究［D］. 苏州：苏州大学纺织与服装工程学院，2010：18-36.

［20］陈科. 品牌店铺陈列设计与营销策略研究［D］. 长春：吉林大学艺术学院，2012：7-10.

［21］陈铁军. 服装专卖店设计与陈列对服装销售影响研究［D］. 苏州：苏州大学艺术学院，2008：3-6.

［22］任军. 服装品牌店陈列设计要素分析［J］. 美术大观，2010（10）：199.

［23］陈红兵. 服装零售氛围的设计与营造［J］. 现代商业，2010（3）：57-58.

［24］李艳艳. 卖场环境下的服装商品陈列色彩设计［J］. 艺术与设计（理论），2009（8）：100-102.

［25］曹春艳. 女装展示设计的原则与方法［J］. 艺术教育，2013（1）：163.

［26］托尼·摩根. 视觉营销：橱窗与店面陈列设计［M］. 毛艺坛，译. 北京：中国纺织出版社，2014.

［27］郑晓祎. "快时尚"服装品牌终端视觉营销的分析与研究［D］. 大连：大连工业大学，2013：11-24.

［28］王双. 快时尚服装品牌陈列研究——以ZARA为例［D］. 北京：北京服装学院，2012：35-70.